눈으로 보는 **수학**

I

Proofs Without Words

Exercises in Visual Thinking

눈으로 보는 **수학**

I

로저 넬센 지음 | **권창욱** 옮김

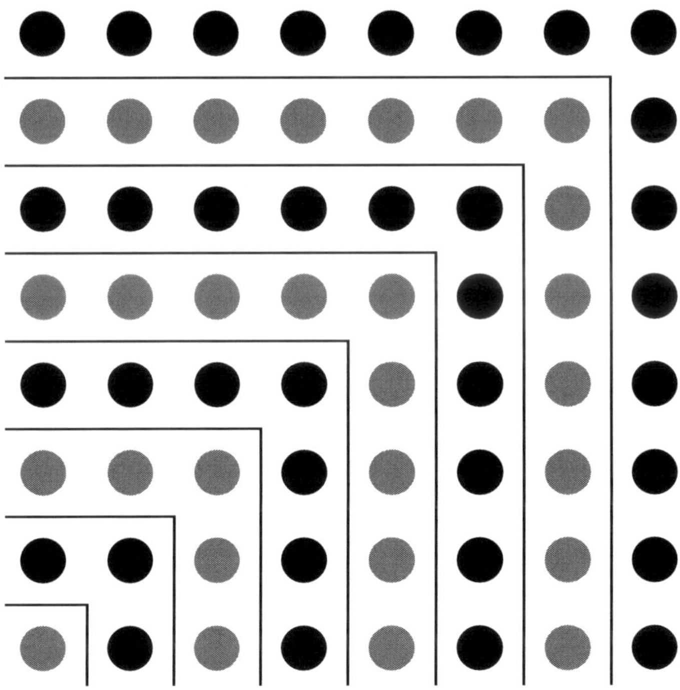

$$1+3+5+\cdots+(2n-1)=n^2$$

청문각®

눈으로 보는 수학 I

1판 1쇄 펴냄 | 2021년 4월 25일

지은이 로저 넬센
옮긴이 권창욱
펴낸이 김한준

펴낸곳 청문각®
출판등록 2007년 3월 18일 (제2007-000071호)
공급처 엘컴퍼니
주소 서울시 강남구 학동로 23길 58 (우) 06041
전화 (02)549-2376
팩스 (0504)496-8133
이메일 hansbook@gmail.com

ISBN 978-11-85408-31-6
978-11-85408-30-9 (세트)

청문각은 엘컴퍼니의 과학기술도서 출판브랜드입니다.

머리말

see (se) 동사. saw, seen, seeing – 타동사

…

5. 정신적으로 (어떤 것을) 인지하다, 식별하다, **이해하다**;
논점을 파악하다.

…

– 랜덤하우스 영어대사전(2판)

'무언증명Proofs without words(PWW)'은 미국수학협회The Mathmatical Association of America에서 발행하는 학술지, 특별히 《수학 매거진Mathematics Magazine》과 《대학 수학 저널The College Mathematics Journal》에 고정적으로 실리고 있습니다. 처음에는 1975년경 《수학 매거진》에 '논문 끝에 남는 공간을 채우기 위한' 방편으로 등장했는데, 1976년 1월호 편집자의 글에서 아서 시바흐J. Arthur Seebach와 린 아서 스틴Lynn Arthur Steen이 "중요한 수학적 사실을 보여주는 재미있는 그림(PWW)보다 이 공간에 더 적합한 것은 없다"면서 무언증명을 계속 싣도록 권고했습니다.

이보다 몇 년 앞서 마틴 가드너Martin Gardner는 1973년 《사이언티픽 아메리칸Scientific American》 10월호에 실린 그의 유명한 '수학 게임Mathematical Games' 칼럼에서 무언증명을 '눈으로 보며 이해하는 그림증명look-see diagrams'으로 다룬 바 있습니다. 그는 "어떤 정리가 옳은 것인지를 거의 한눈에 알아볼 수 있는 아주 단순하면서도 아름다운 그림을 통해 그 정리의 무미건조한 증명을 보완할 수 있다"라고 했는데, 이는 위에서 인용한 사전의 설명을 아주 잘 드러내는 말입니다. 영어에서 '보다see'는 종종 '이해하다understand'로 쓰이기 때문입니다.

같은 맥락에서 1980년대 《대학 수학 저널》은 자신들의 편집 정책을 "우리

저널은 일반적인 논문 외에도, 다른 여러 종류의 투고를 환영합니다. 예를 들어, 무언증명, 수학적인 시, 인용구,..."라고 밝히고 있습니다. 그런데 무언증명은 최근에서야 등장한 것이 아니라 긴 역사가 있습니다. 실제로 여러분은 이 책에서 고대 중국, 그리스, 12세기 인도에서 만들어진 무언증명의 현대적인 해석을 여럿 보게 될 것입니다.

물론 무언증명은 진짜 증명은 아닙니다. 시어도어 아이젠버그Theodore Eisenberg와 토미 드레이프스Tommy Dreyfus가 《수학 교수－학습의 시각화in Visualizing in Teaching and Learning Mathmatics》에 실린 '수학의 시각화가 내키지 않는 것에 대해On the Reluctance of Visualize in Mathematics'라는 논문에서 쓴 것처럼, 어떤 사람들은 그런 시각적 논증을 별 가치가 없다고 여기며 "수학에서 의사소통 방식은 오로지 한가지이며 '무언증명'은 받아들여질 수 없다"고 합니다. 그러나 아이젠버그와 드레이프스는 이런 관점과는 정반대인 몇몇 인용구를 제시했습니다.

"폴 할모스Paul Halmos는 솔로몬 레쉐츠Solomon Lefschetz(Annals의 편집자)에 대해 이야기 하며 '그는 수학을 논리가 아니라 그림으로 여겼다'. 또, 수학자가 되기 위해 무엇이 필요한지 논하면서 '수학을 연구하는 학자가 되려면... 시각화하는 능력을 타고나야 한다'라고 하면서 많은 교사들이 학생들의 이런 능력이 개발되도록 애쓰고 있다고 말했다. 조지 폴리아George Polya의 '…그림을 그려라'는 교수법의 대표적인 권고이며, 시각적 직관을 사용해야 한다는 아인슈타인과 푸앵카레의 관점도 널리 알려져 있다."

그럼, 무언증명이 증명이 아니라면 도대체 무엇일까요? 이 책에서 보게 되겠지만, 이 질문에 대한 답은 그리 간단하지 않습니다. 하지만 일반적으로 무언증명은 특정 명제가 왜 참인지의 이유를 보여주며, 그 명제를 증명하기 위해서 어떻게 시작하면 좋을지 보여주는 그림이나 도형입니다. 때로는 이 과정에서 한두 개의 수식이 사용되기도 합니다만, 주목적은 수학적인 생각을 자극하기 위해 시각적 실마리를 제공하는 것입니다.

이 책은 완결판이 아닙니다. 여태껏 실렸던 무언증명을 다 모아놓은 것이 아니라, 대표적인 것들만 실은 셈입니다. 미국수학회의 학술지 구독자들은 잘 알고 있겠지만 새로운 무언증명이 더 자주 등장하고 있습니다. 저는 이런 경향이 계속되기를 기대하며 조만간 두 번째 무언증명 책이 나오리라 생각합니다!

이 책을 보는 여러분이 수학적 아이디어를 멋지게 보여주는 작품들을 발견하거나 재발견하는 기쁨을 누리기를 바랍니다. 학교 선생님들께서 이런 것들을 학생들과 많이 공유하시기를 바랍니다. 그래서 모두가 새로운 무언증명을 만들어 보도록 서로 격려하고 자극받게 되기를 바랍니다.

이 책을 출판하는 데에 여러모로 도와주신 분께 존경과 감사의 말씀을 올립니다. 《수학 매거진》의 편집자인 제럴드 알렉샌더슨Gerald Alexanderson과 마샤 시겔Martha Siegel은 제가 무언증명을 읽고 쓰는 법을 배우는 여러 해 동안 격려해 줬으며, 도리스 샤츠슈나이더Doris Schattschneider와 유진 클로츠Eugene Klotz, 리처드 가이Richard Guy는 자신들의 무언증명을 제공했습니다. 마지막으로 무언증명을 투고해 주신 모든 사람들(인명 색인 참조)에게도 감사드립니다. 이 분들이 없었다면 이 책은 나올 수 없었을 것입니다.

이 책에 실린 모든 그림은 통일성을 위해 다시 그린 것입니다. 제목이 조금 바뀐 것들이 몇 개 있고, 눈에 더 잘 띄게 하려고 음영이나 기호를 넣기도 했습니다. 이 과정에서 오류가 생겼다면 전적으로 제 책임입니다.

로저 넬센
루이스 앤 클라크 대학
미국 오리건주 포틀랜드

차 례

기하와 대수

Geometry & Algebra

피타고라스의 정리 I

– 주비산경 (周髀算經. 작자 미상. 기원전 200년경?)

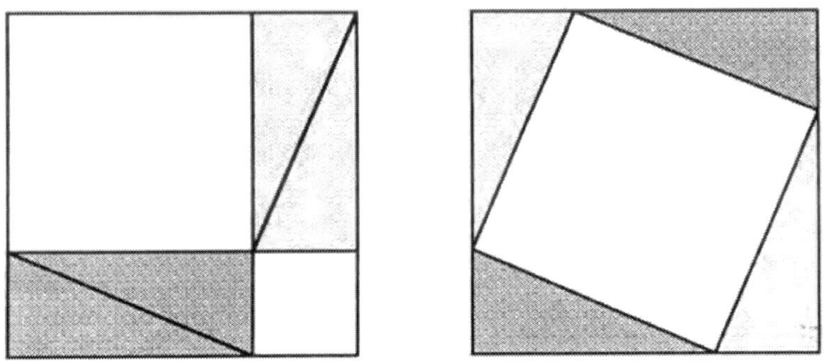

피타고라스의 정리 II

– 바스카라 (12세기)

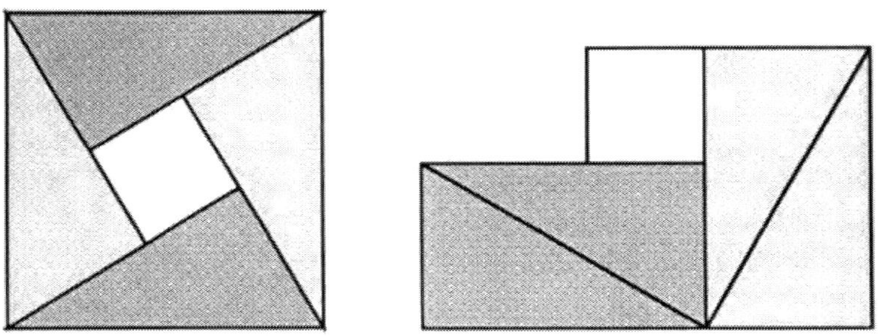

보라!

피타고라스의 정리Ⅲ

– 유클리드의 증명

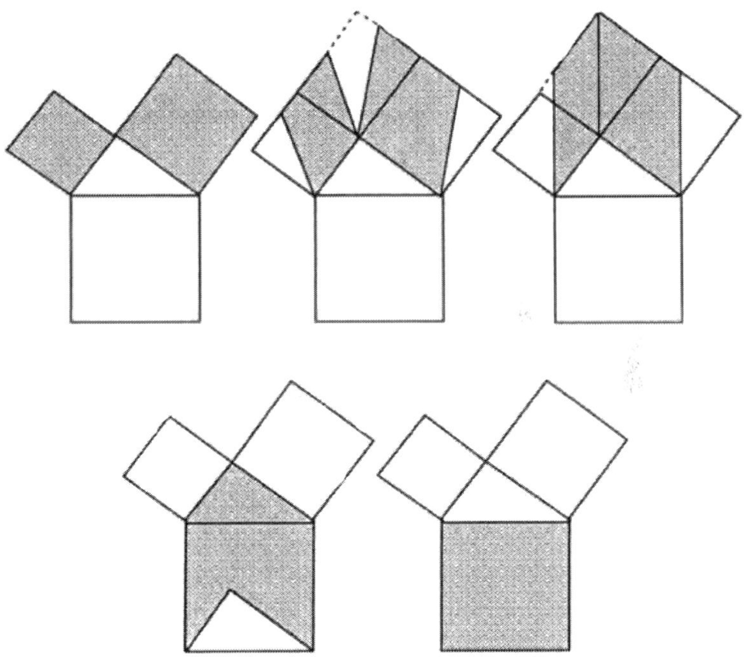

피타고라스의 정리Ⅳ

– 헨리 듀드니 (H.E. Dudeney. 1917)

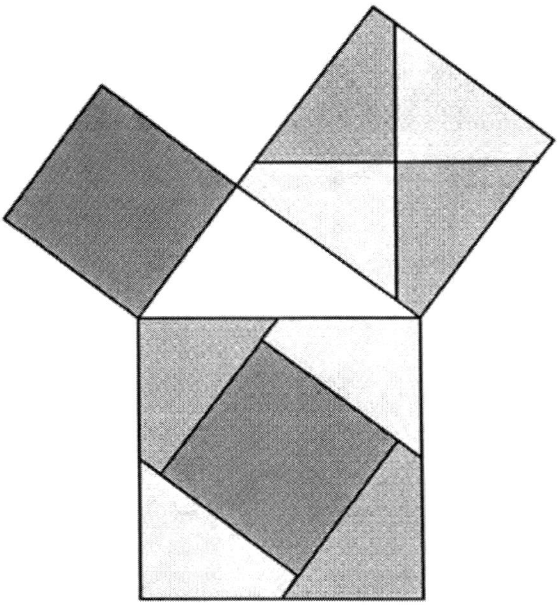

피타고라스의 정리 V

– 제임스 가필드 (James A. Garfield. 1876). 제20대 미국 대통령

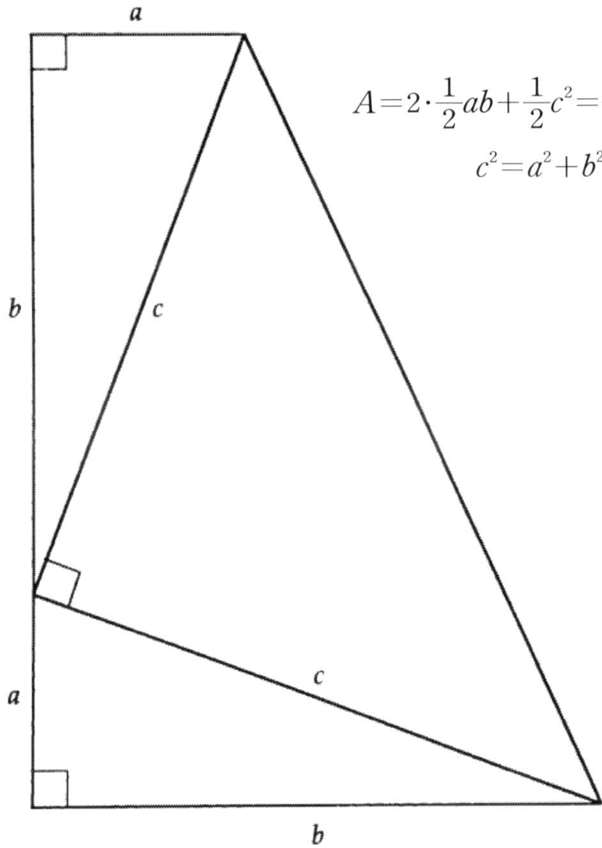

$$A = 2 \cdot \frac{1}{2}ab + \frac{1}{2}c^2 = \frac{1}{2}(a+b)^2$$

$$c^2 = a^2 + b^2$$

피타고라스의 정리VI

– 마이클 하디 (Michael Hardy)

$$\frac{c+a}{b}=\frac{b}{c-a}$$

$$a^2+b^2=c^2$$

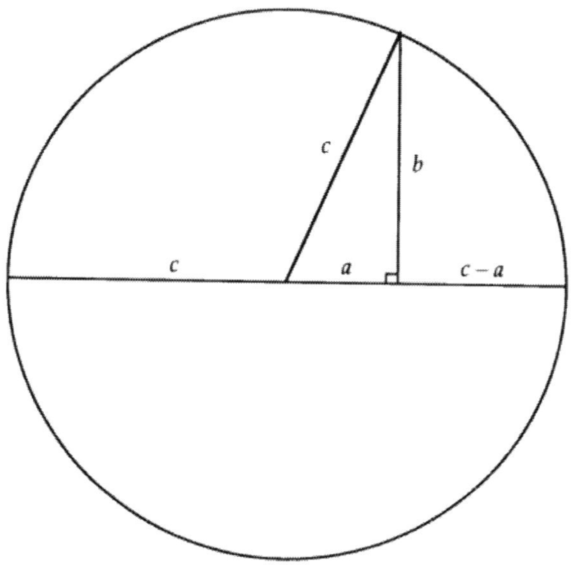

피타고라스의 정리: $a \cdot a' = b \cdot b' + c \cdot c'$

– 엔조 젠타일 (Enzo R. Gentile)

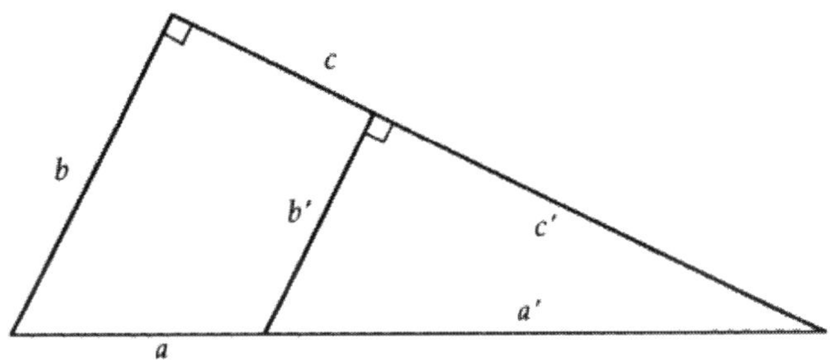

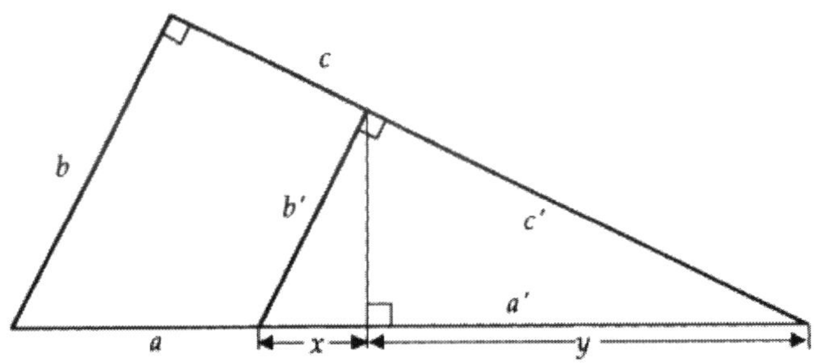

$$\frac{x}{b} = \frac{b'}{a} \Rightarrow a \cdot x = b \cdot b';$$

$$\frac{y}{c} = \frac{c'}{a} \Rightarrow a \cdot y = c \cdot c';$$

$$\therefore a \cdot a' = a \cdot (x + y) = b \cdot b' + c \cdot c'$$

원을 굴려서 같은 넓이의 정사각형 만들기

– 토마스 엘스너 (Thomas Elsner)

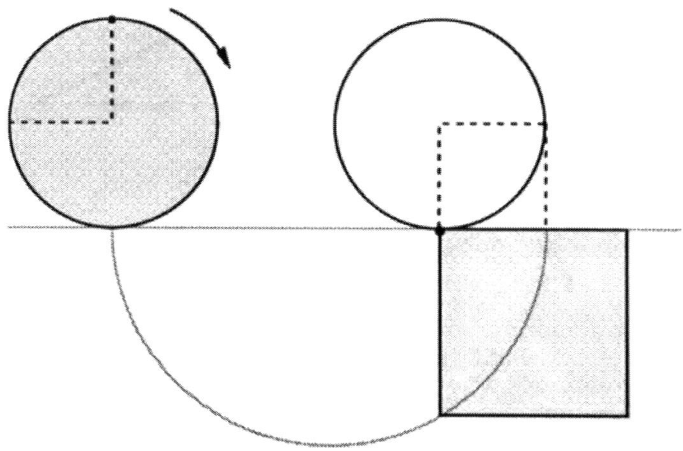

각을 삼등분하기

– 러푸스 아이작스 (Rufus Issacs)

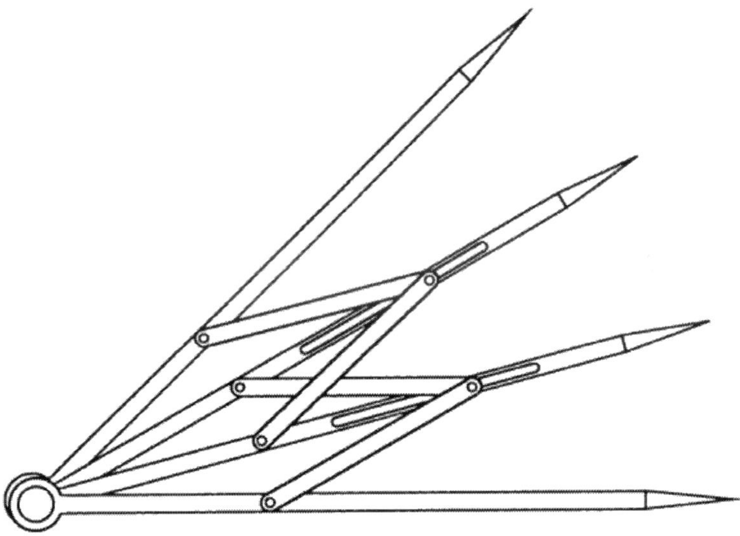

무한번 작도해서 각을 삼등분하기

– 에릭 킨캐넌 (Eric Kincanon)

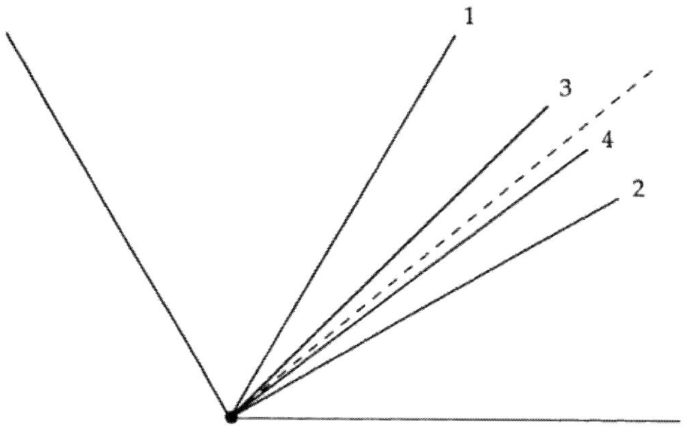

$$\frac{1}{3}=\frac{1}{2}-\frac{1}{4}+\frac{1}{8}-\frac{1}{16}+\cdots$$

선분을 삼등분하기

– 스콧 코블 (Scott Coble)

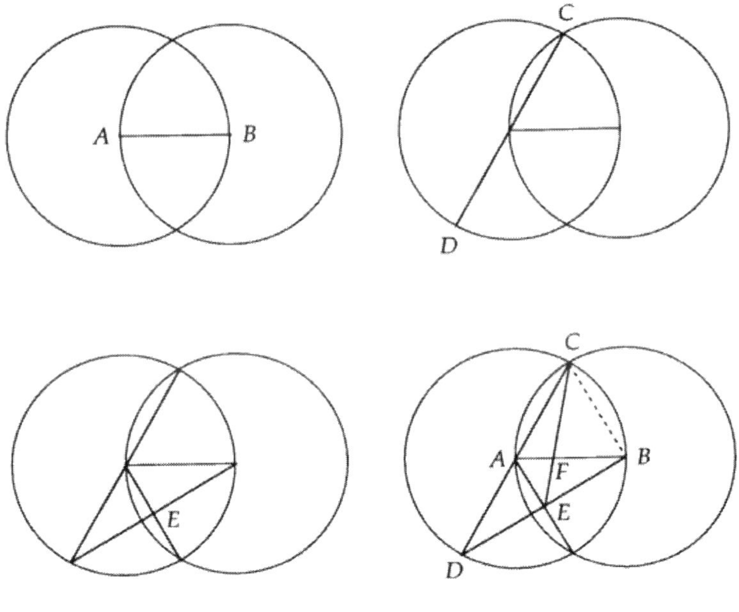

$$\overline{AF} = \frac{1}{3} \cdot \overline{AB}$$

별 모양 다섯 꼭지각의 크기의 합은 180도

– 포아드 나흘리 (Fouad Nakhli)

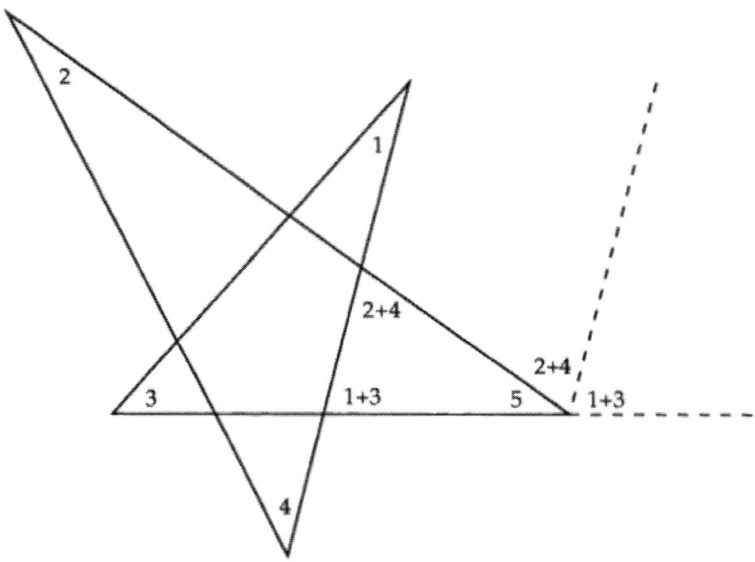

비비아니의 정리

– 새뮤얼 울프 (Samuel Wolf)

정삼각형 위나 내부의 한 점에서 세 변에 내린 수선의 길이의 합은 정삼각형의 높이와 같다.

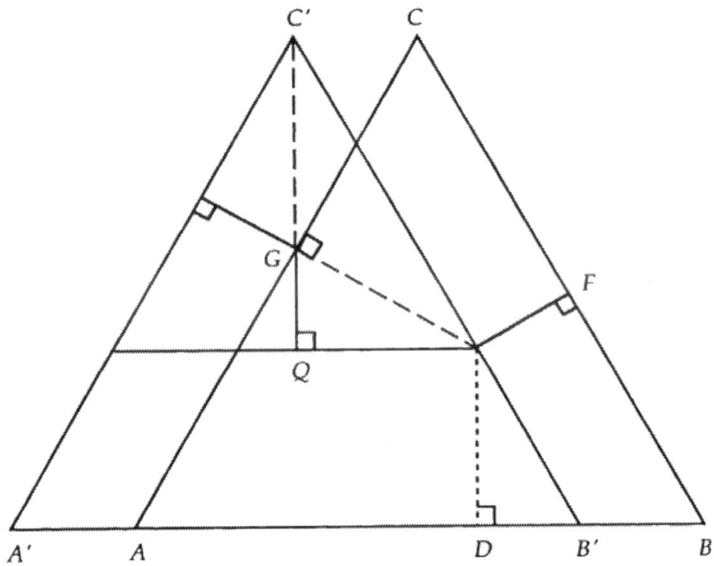

직각삼각형의 한 성질

– 롤랜드 에디 (Roland H. Eddy)

직각삼각형의 직각을 이등분한 선은 빗변을 한 변으로 하여 빗변 위에 그린 정사각형의 넓이를 이등분한다.

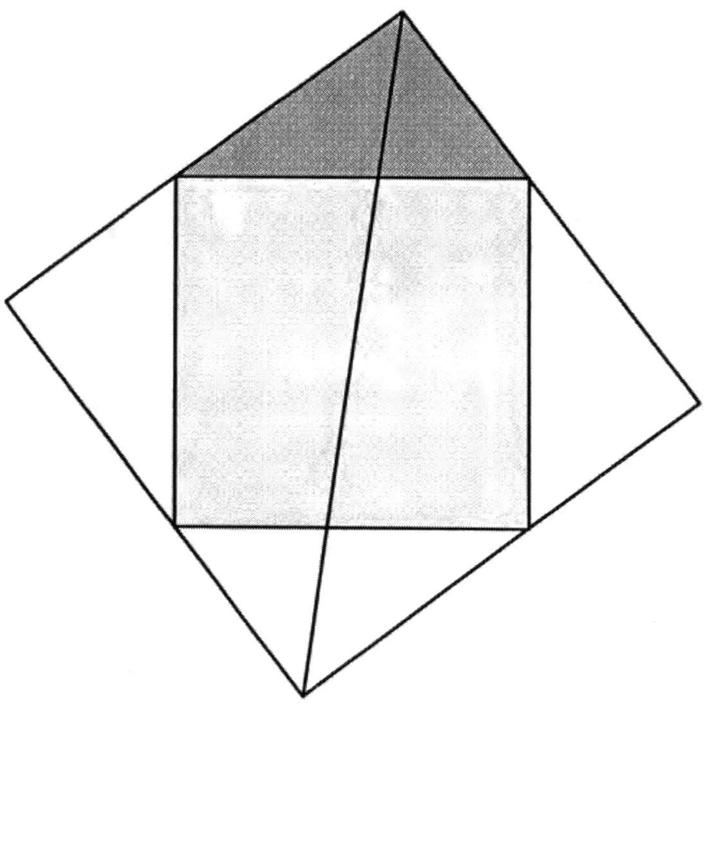

직각삼각형의 빗변에 사영한 두 변의 길이에 대한 정리

– 시드니 쿵 (Sydney H. Kung)

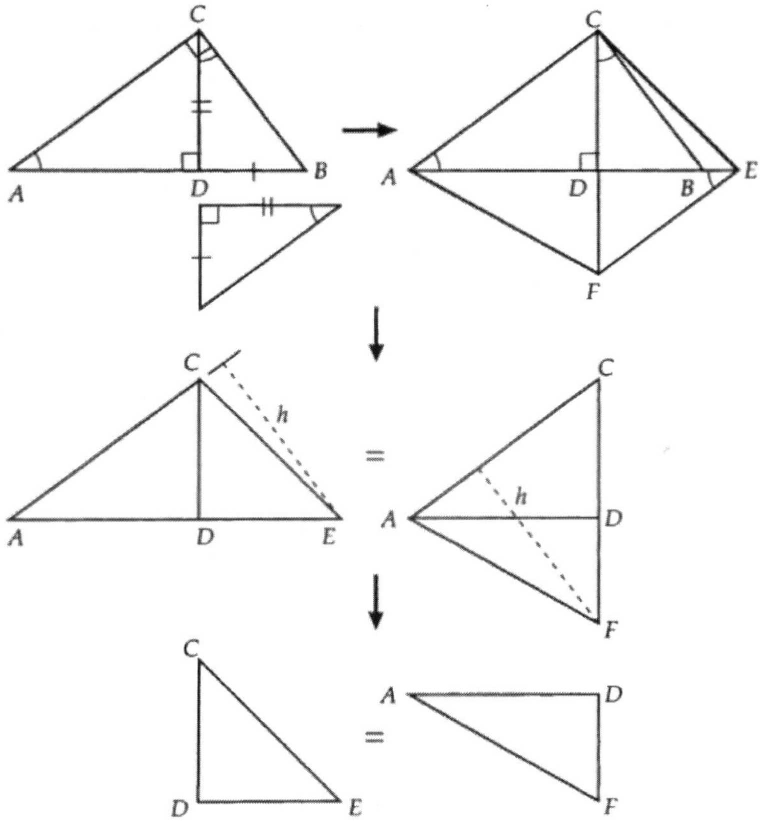

$$CD^2 = AD \cdot DB$$

길이가 같은 현과 접선에 대한 정리

– 롤랜드 에디 (Ronald H. Eddy)

원 C_1이 원 C_2의 중심 O를 지나고, 점 P에서 원 C_1에 접하는 접선이 원 C_2와 만나는 점을 R이라 할 때, 두 원의 공통현 $\overline{PQ}$의 길이는 선분 $\overline{PR}$의 길이와 같다.

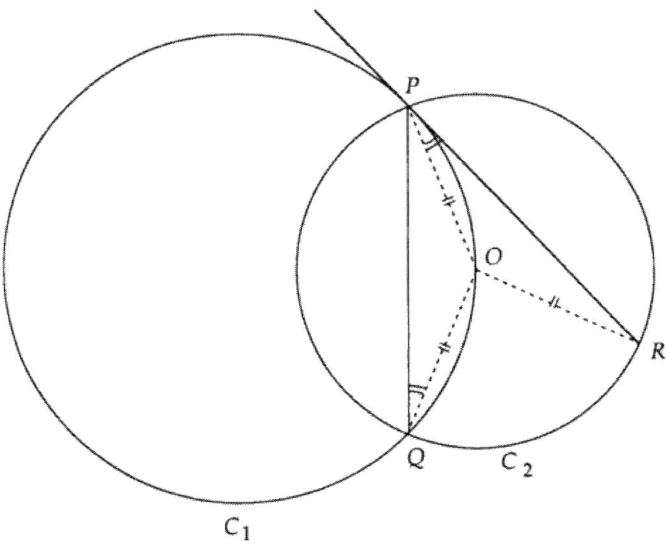

완전제곱식 만들기

– 찰스 갤런트 (Charles D. Gallant)

$$x^2+ax=(x+a/2)^2-(a/2)^2$$

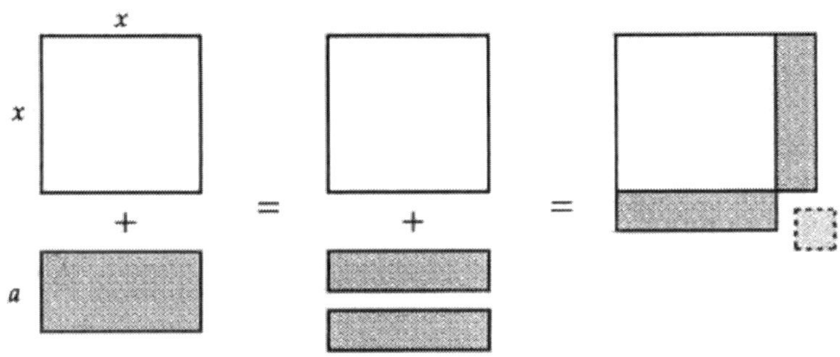

제곱식의 합 I

– 셜리 와킨 (Shirley Wakin)

$$(a+b)^2+(a-b)^2=2(a^2+b^2)$$

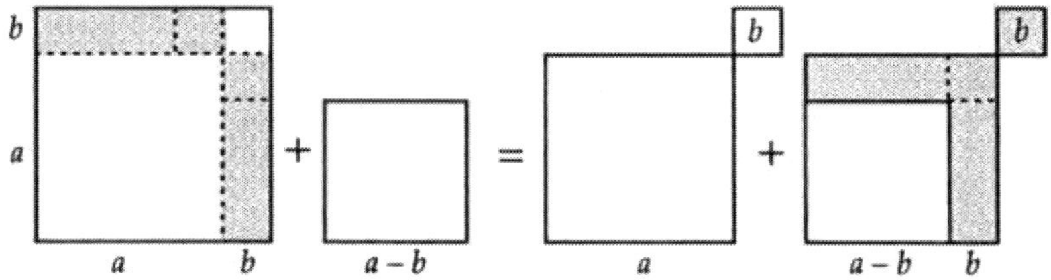

제곱식의 합 Ⅱ

– 샘 풀리(Sam Pooley)와 앤 드루드 (K. Ann Drude)

$$(a+b+c)^2+(a+b-c)^2+(a-b+c)^2+(a-b-c)^2$$
$$=(2a)^2+(2b)^2+(2c)^2$$

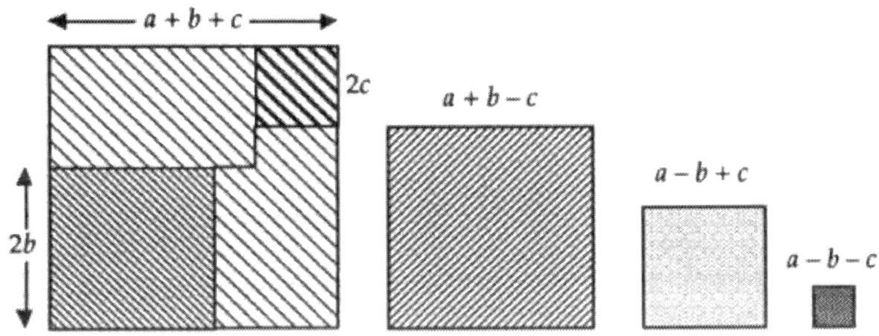

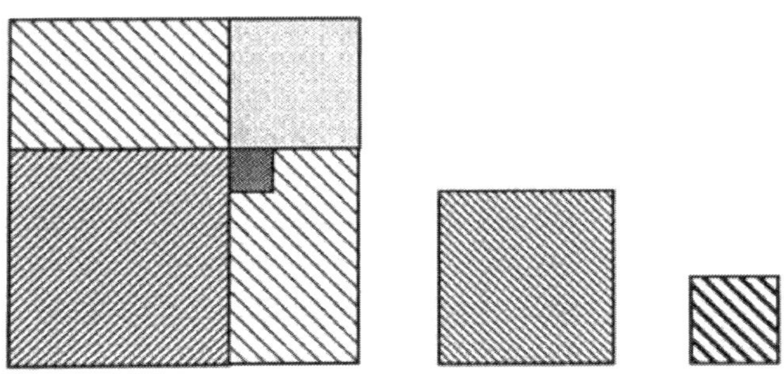

디오판토스의 '제곱식의 합'

- 로저 넬센 (Roger B. Nelsen)

$$(a^2+b^2)(c^2+d^2)=(ad+bc)^2+(bd-ac)^2$$

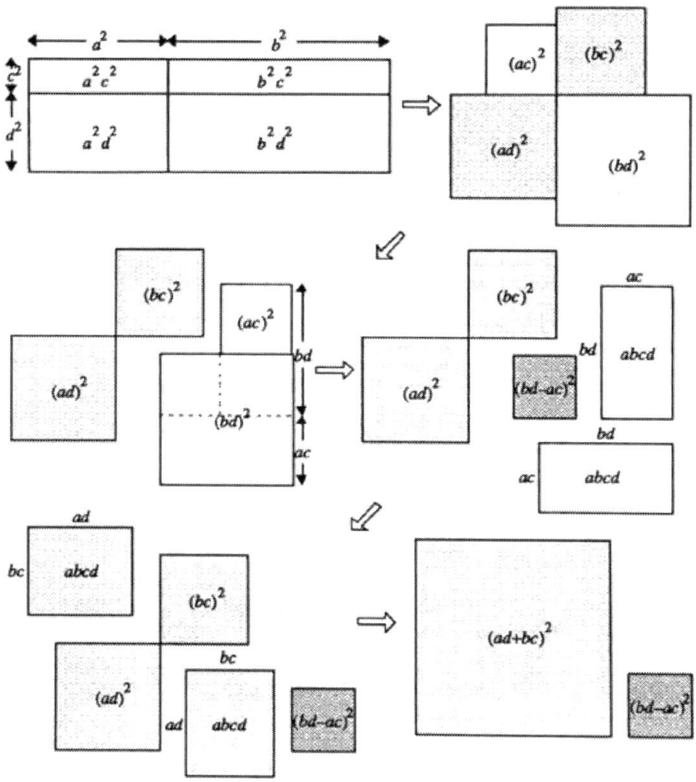

k번째 n각수

– 데이브 로고테티 (Dave Logothetti)

$$1+(k-1)(n-1)+\frac{1}{2}(k-2)(k-1)(n-2)$$

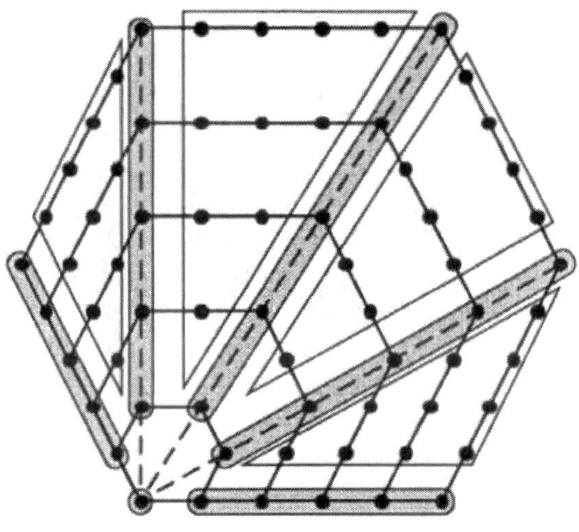

정사각뿔대의 부피 (모스크바 파피루스 문제 14번. 기원전 1850년경)

– 로저 넬센 (Roger B. Nelsen)

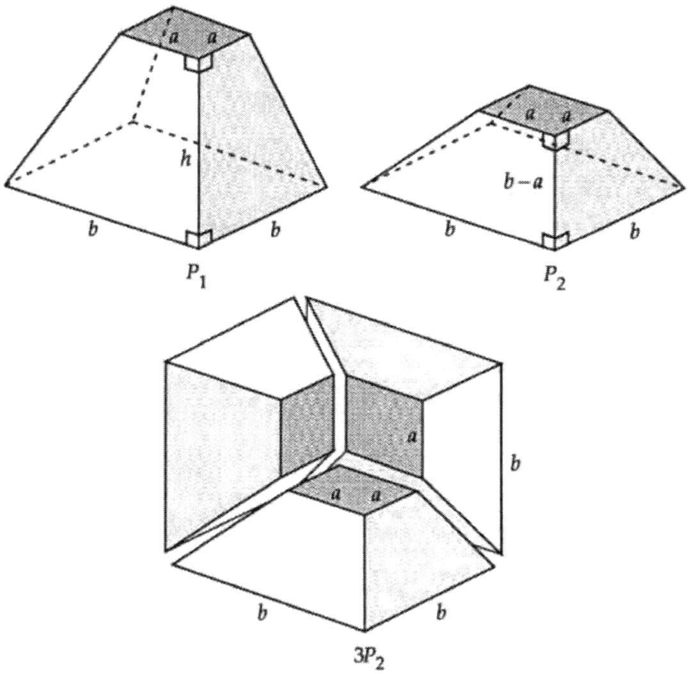

$$V(P_1)=\frac{h}{b-a}V(P_2)=\frac{h}{b-a}\cdot\frac{1}{3}(b^3-a^3)=\frac{h}{3}(a^2+ab+b^2)$$

참고 문헌

1. C.B. Boyer, 《수학사 A History of Mathematics》, John Wiley & Sons, New York, 1968, pp. 20~22.
2. R.J. Gillings, 《파라오 시대의 수학 Mathematics in the Time of the Pharaohs》, The MIT Press, Cambridge, 1972, pp. 187~193.

카발리에리의 원리*를 이용한 구의 부피

– 시드니 쿵 (Sydney H. Kung)

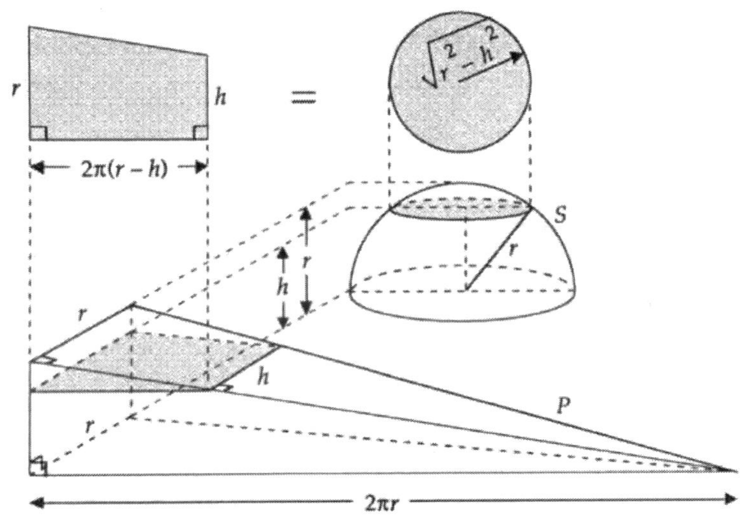

$$V_S = V_P = \frac{1}{3}r^2 \cdot 2\pi r = \frac{2}{3}\pi r^3$$

* 중국 위진남북조 시대의 유명한 수학자 조충지의 아들 조긍지가 5세기경 이 원리를 처음으로 발견했다고 한다.

삼각함수, 미적분, 해석기하

Trigonometry, Calculus & Analytic Geometry

삼각함수의 덧셈 정리 I
– 사인의 덧셈

– 시드니 쿵 (Sidney H. Kung)

$$\sin(x+y)=\sin x\cos y+\cos x\sin y,\ x+y<\pi$$

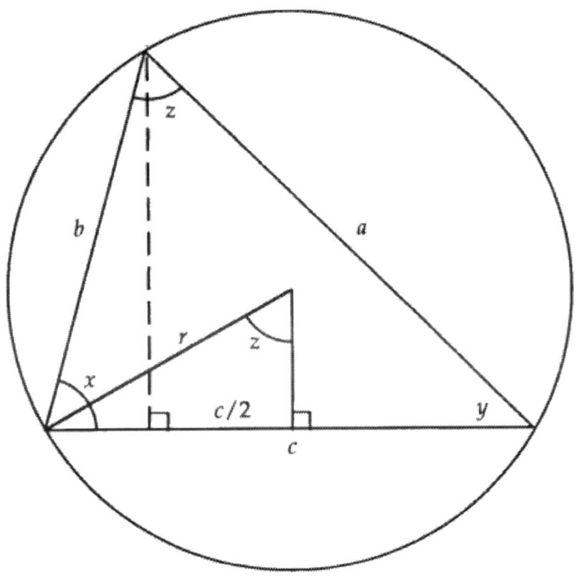

$$c=a\cos y+b\cos x$$

$$r=1/2\Rightarrow\sin z=(c/2)(1/2)=c,\ \sin x=a,\ \sin y=b;$$

$$\sin(x+y)=\sin(\pi-(x+y))=\sin z=\sin x\cos y+\sin y\cos x$$

삼각함수의 덧셈 정리 II
– 사인과 코사인의 뺄셈

– 시드니 쿵 (Sidney H. Kung)

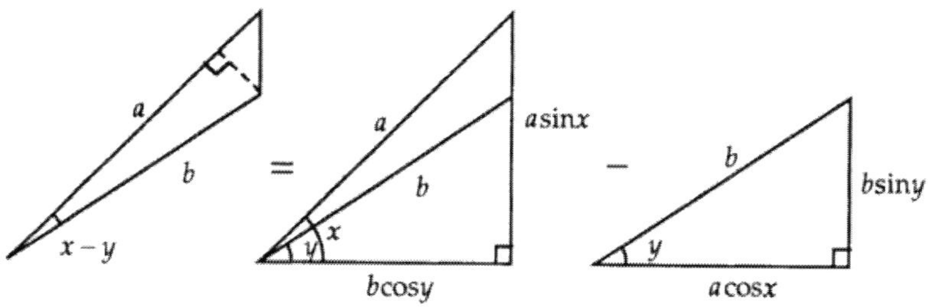

$$\sin(x-y)=\sin x\cos y-\cos x\sin y$$

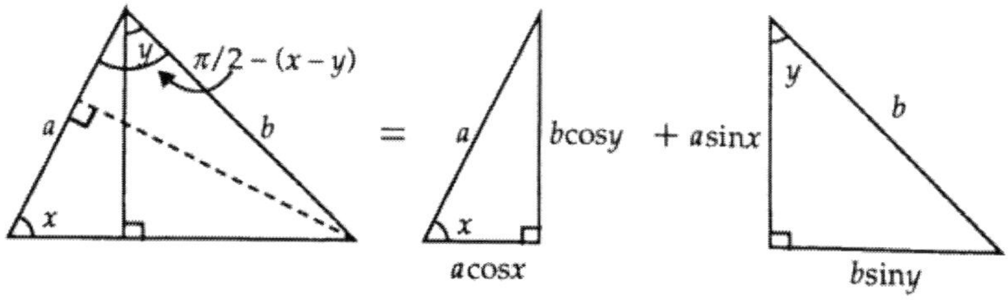

$$\cos(x-y)=\cos x\cos y+\sin x\sin y$$

코사인 법칙 I

– 티모시 시프카 (Timothy A. Sipka)

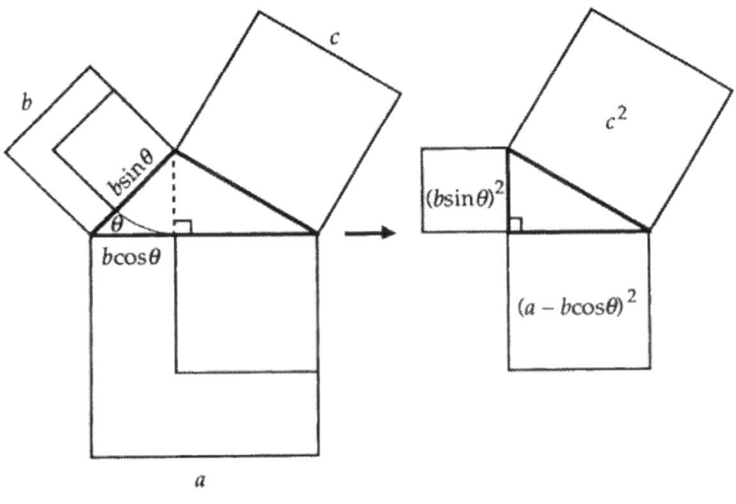

$$c^2=(b\sin\theta)^2+(a-b\cos\theta)^2$$
$$=a^2+b^2-2ab\cos\theta$$

코사인 법칙 II

– 시드니 쿵 (Sidney H. Kung)

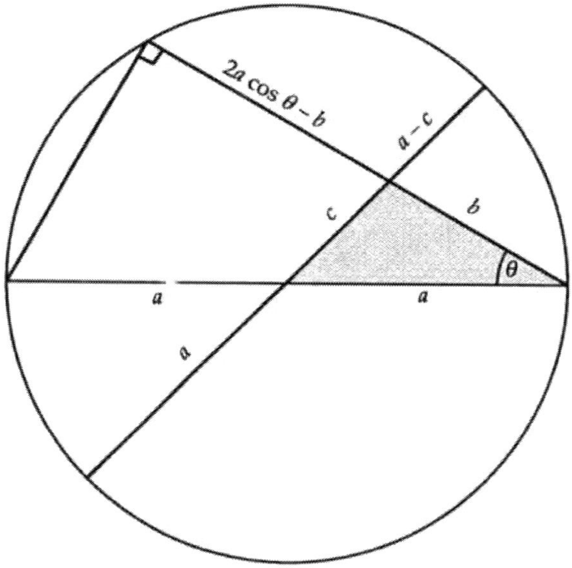

$$(2a\cos\theta - b)b = (a-c)(a+c)$$
$$c^2 = a^2 + b^2 - 2ab\cos\theta$$

코사인 법칙Ⅲ
– 프톨레미의 정리를 이용

– 시드니 쿵 (Sidney H. Kung)

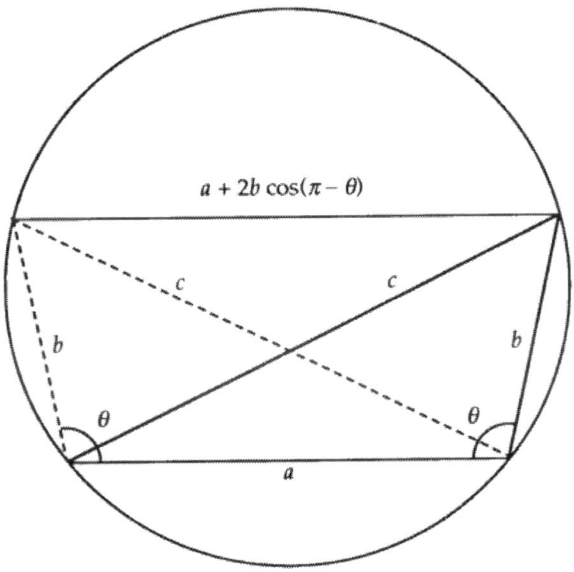

$$c \cdot c = b \cdot b + (a + 2b\cos(\pi - \theta)) \cdot a$$
$$c^2 = a^2 + b^2 - 2ab \cdot \cos\theta$$

배각 공식

– 로저 넬센 (Roger B. Nelsen)

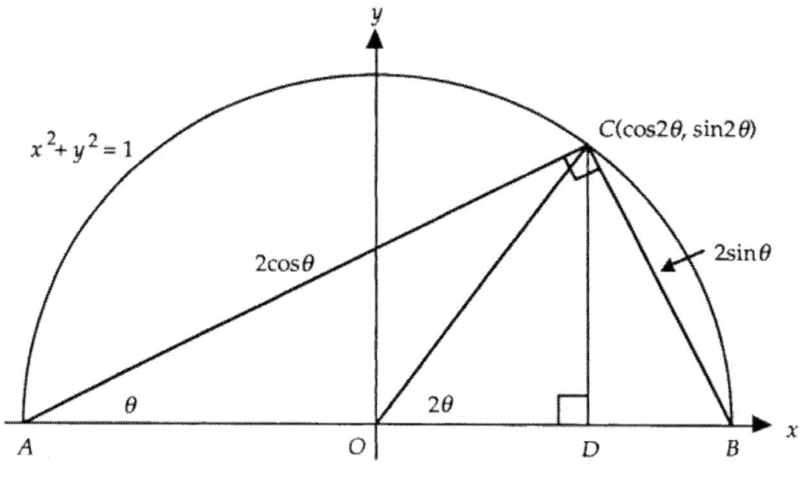

$$\triangle ACD \sim \triangle ABC$$

$$\overline{CD}/\overline{AC}=\overline{BC}/\overline{AB} \qquad \overline{AD}/\overline{AC}=\overline{AC}/\overline{AB}$$

$$\sin 2\theta/2\cos\theta=2\sin\theta/2 \qquad (1+\cos 2\theta)/2\cos\theta=2\cos\theta/2$$

$$\sin 2\theta=2\sin\theta\cos\theta \qquad \cos 2\theta=2\cos^2\theta-1$$

반각 공식

– R.J. 워커(R.J. Walker)

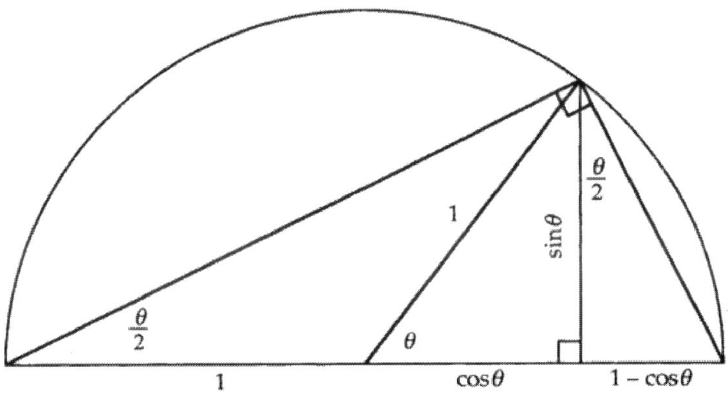

$$\tan\frac{\theta}{2}=\frac{\sin\theta}{1+\cos\theta}=\frac{1-\cos\theta}{\sin\theta}$$

몰바이데 공식

– 아서 드클레인 (H. Arthur DeKleine)

$$(a-b)\cos\frac{\gamma}{2}=c\sin(\frac{\alpha-\beta}{2})$$

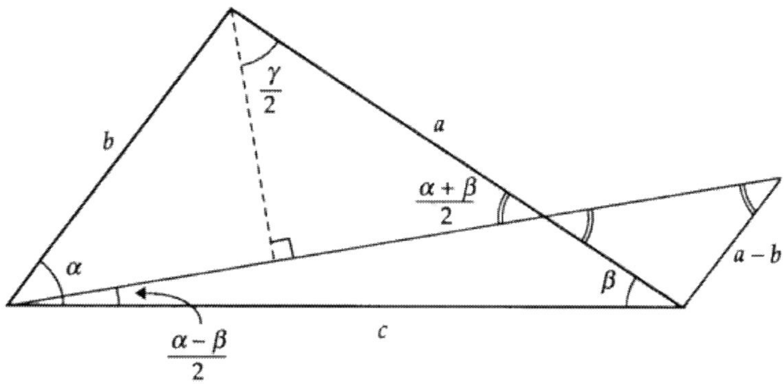

$(\tan\theta+1)^2+(\cot\theta+1)^2$
$=(\sec\theta+\csc\theta)^2$

– 윌리엄 로메인 (William Romaine)

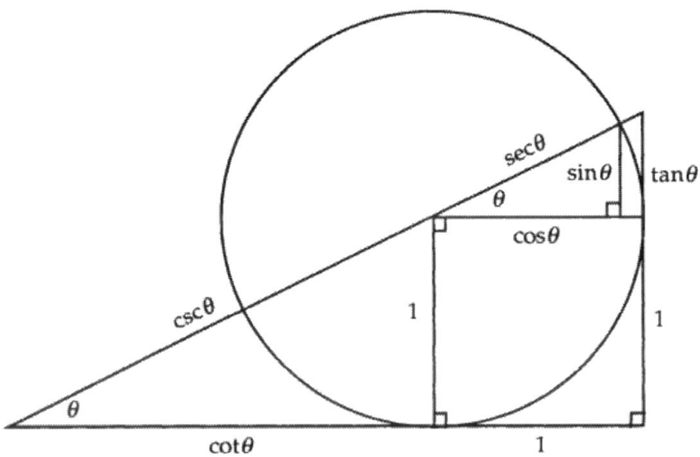

$$\tan^2\theta+1=\sec^2\theta$$

$$\cot^2\theta+1=\csc^2\theta$$

$$(\tan\theta+1)^2+(\cot\theta+1)^2=(\sec\theta+\csc\theta)^2$$

$$(\because \tan\theta=\frac{\tan\theta+1}{\cot\theta+1})$$

치환을 통해 사인과 코사인을 유리함수로 만들기

– 로저 넬센 (Roger B. Nelsen)

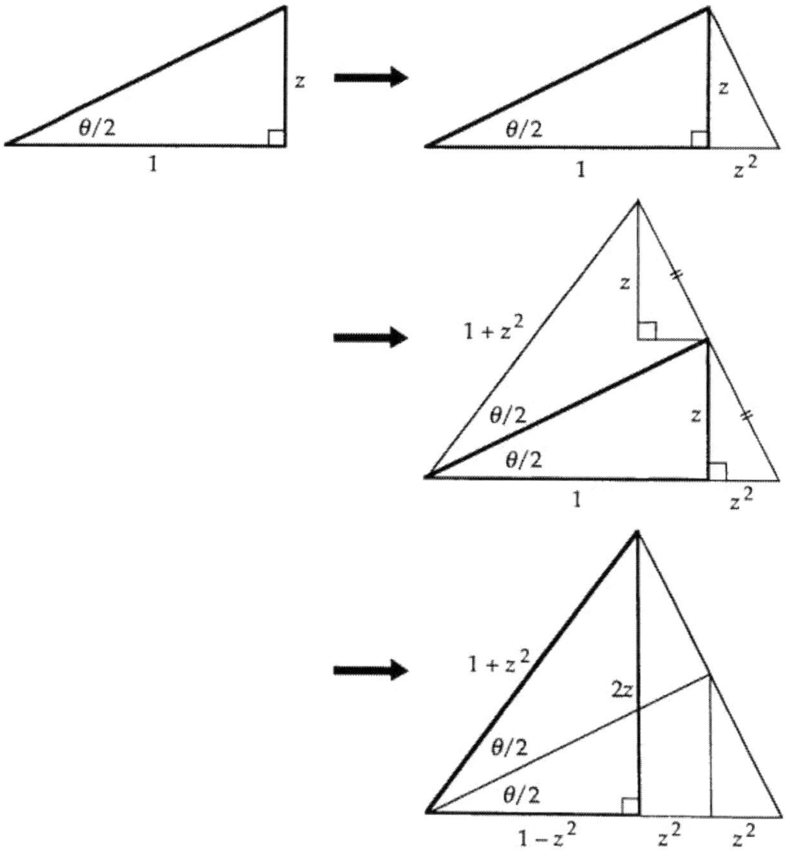

$$z=\tan\frac{\theta}{2}\Rightarrow\sin\theta=\frac{2z}{1+z^2},\ \cos\theta=\frac{1-z^2}{1+z^2}$$

아크탄젠트의 합

– 에드워드 해리스 (Edward M. Harris)

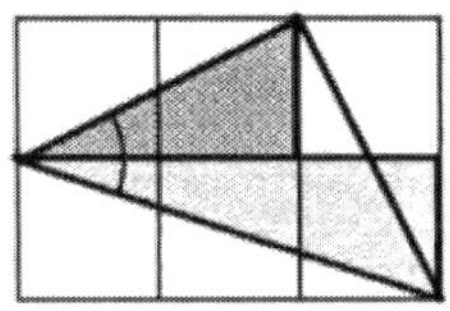

$$\arctan\frac{1}{2}+\arctan\frac{1}{3}=\frac{\pi}{4}$$

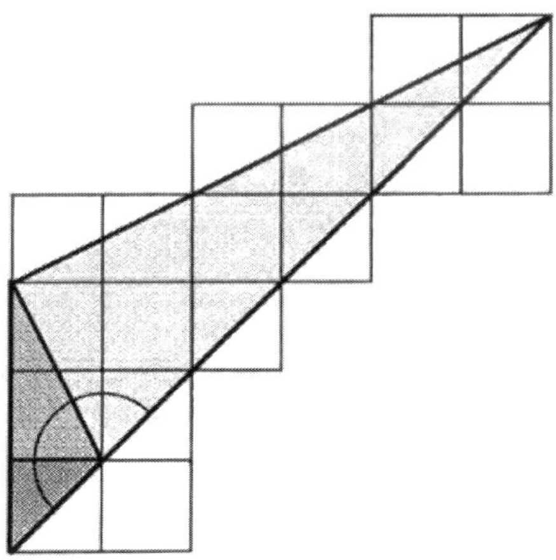

$$\arctan 1+\arctan 2+\arctan 3=\pi$$

점과 직선의 거리

– R.L. 아이젠만 (R.L.Eisenman)

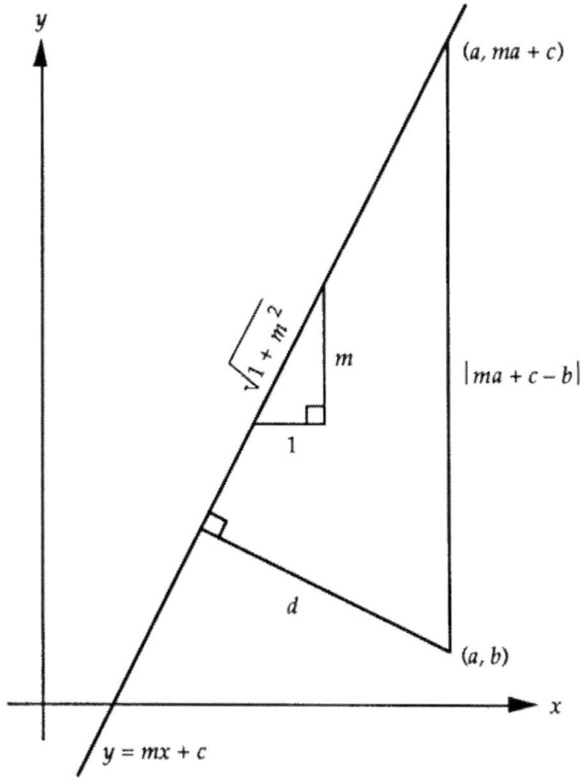

$$\frac{d}{1}=\frac{|ma+c-b|}{\sqrt{1+m^2}}$$

오목 함수의 정적분의 근삿값은 중점 방식이 사다리꼴 방식보다 낫다

– 프랭크 버크 (Frank Burk)

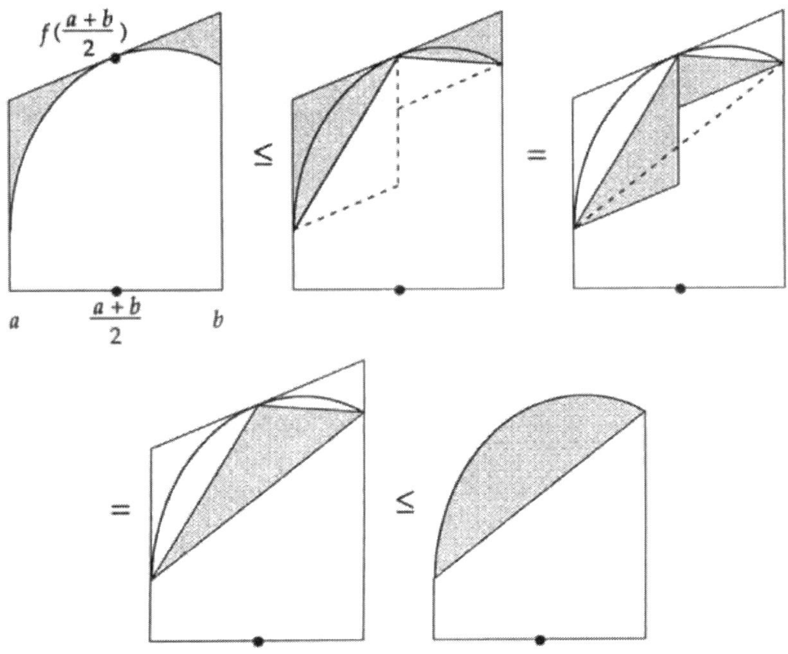

부분적분

– 리처드 쿠란트 (Richard Courant)

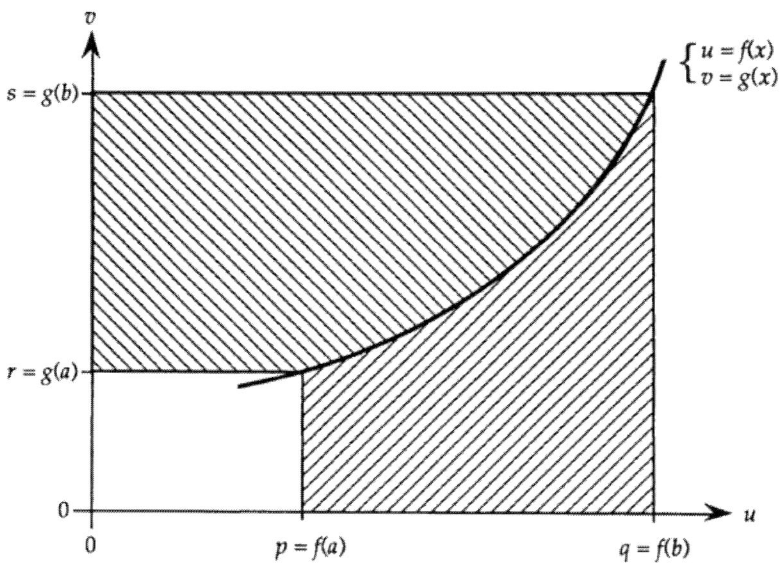

구역 + 구역 $= qs - pr$

$$\int_r^s u\,dv + \int_p^q v\,du = uv \Big|_{(p,\ r)}^{(q,\ s)}$$

$$\int_a^b f(x)g'(x)dx = f(x)g(x)\Big|_a^b - \int_a^b g(x)f'(x)dx$$

함수와 그 역함수의 그래프는 직선 $y=x$에 대해 대칭이다

– 아유브 아유브 (Ayoub B. Ayoub)

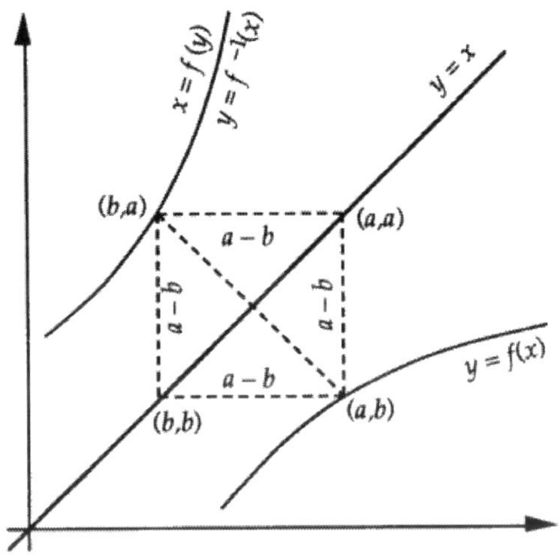

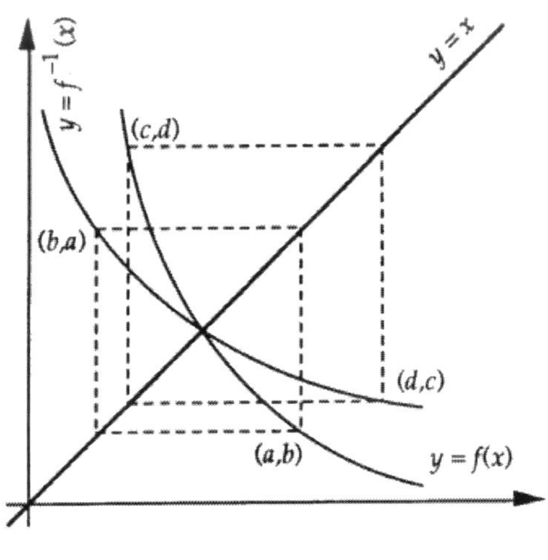

포물선의 대칭성

– 아유브 아유브 (Ayoub B. Ayoub)

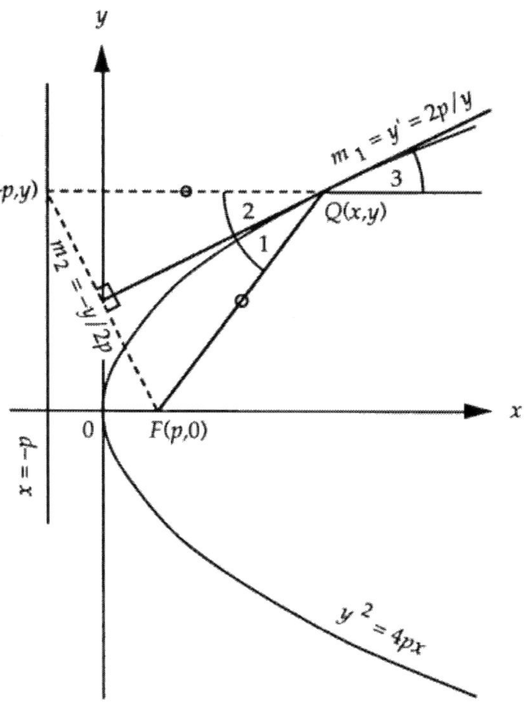

$$QF = QD,\ m_1 \cdot m_2 = -1 \Rightarrow \angle 1 = \angle 2 = \angle 3$$

사이클로이드의 한 주기와 축으로 둘러싸인 부분의 넓이

– 리처드 비크만 (Richard M. Beekman)

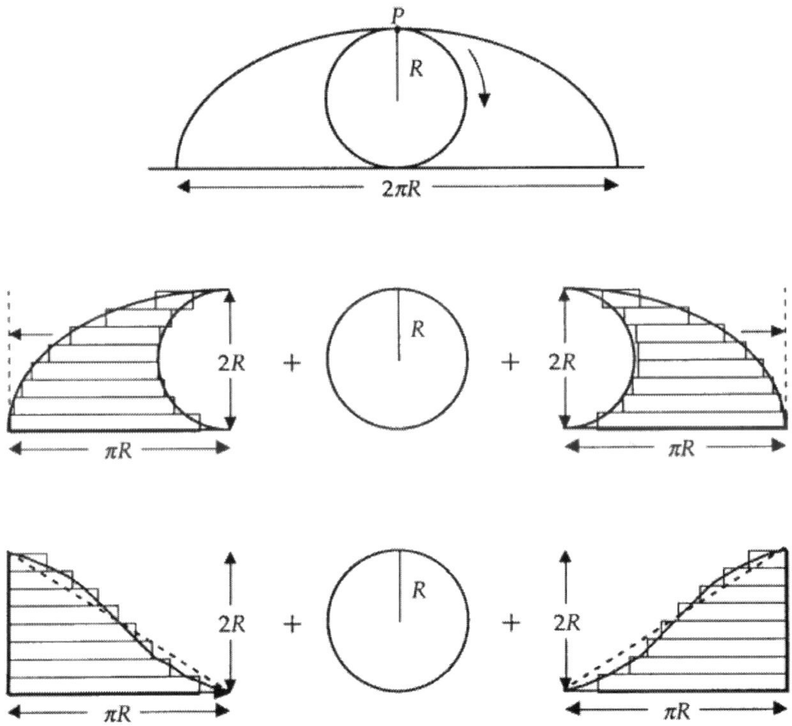

$$\frac{1}{2}\pi R\cdot 2R \qquad + \qquad \pi R^2 \qquad + \qquad \frac{1}{2}\pi R\cdot 2R$$

$$\Rightarrow A=3\pi R^2$$

부등식

Inequalities

산술 – 기하평균 부등식 I

– 찰스 갤런트 (Charles D. Gallant)

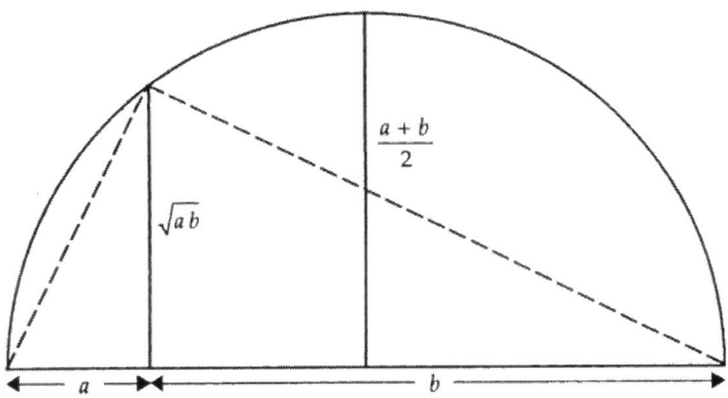

$$\sqrt{ab} \le \frac{a+b}{2}$$

산술 – 기하평균 부등식 II

– 도리스 샤츠슈나이더 (Doris Schattschneider)

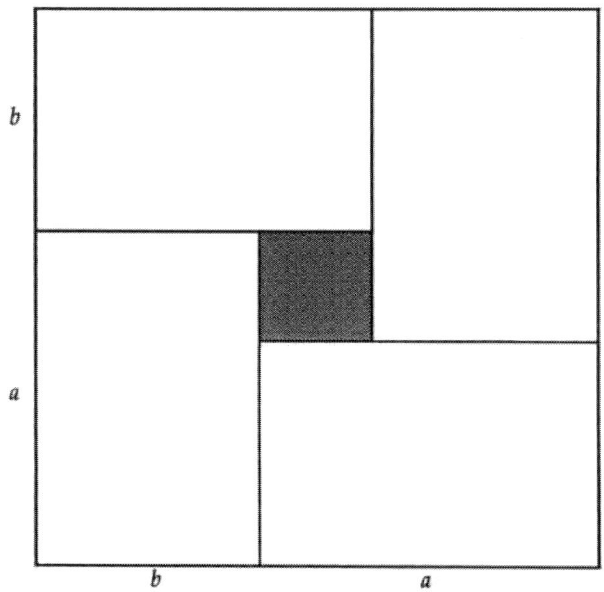

$$(a+b)^2-(a-b)^2=4ab$$

$$\frac{a+b}{2}\geq\sqrt{ab}$$

산술 – 기하평균 부등식Ⅲ

– 롤랜드 에디 (Roland H. Eddey)

$$\frac{a+b}{2} \geq \sqrt{ab}$$, 단, 등호는 $a=b$일 때만 성립

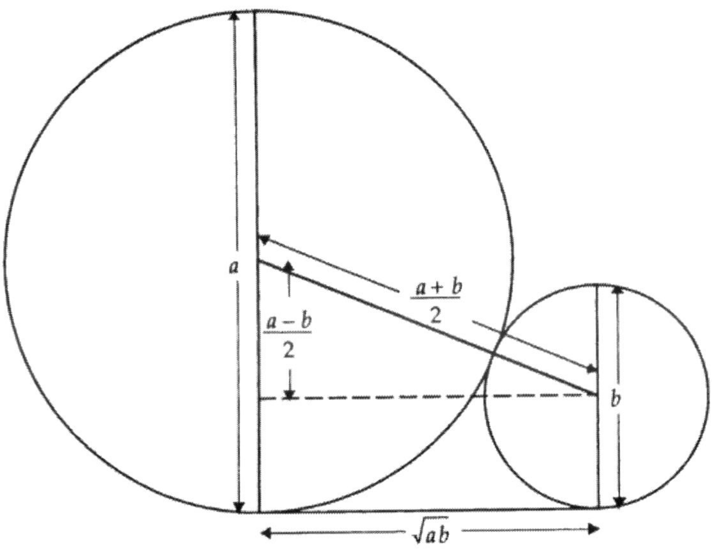

합의 최솟값과 곱의 최댓값

– 파올로 몬투치(Paolo Montuchi)와 워렌 페이지(Warren Page)

1. 곱이 일정한 두 양수의 합은 두 수가 같을 때 제일 작다.

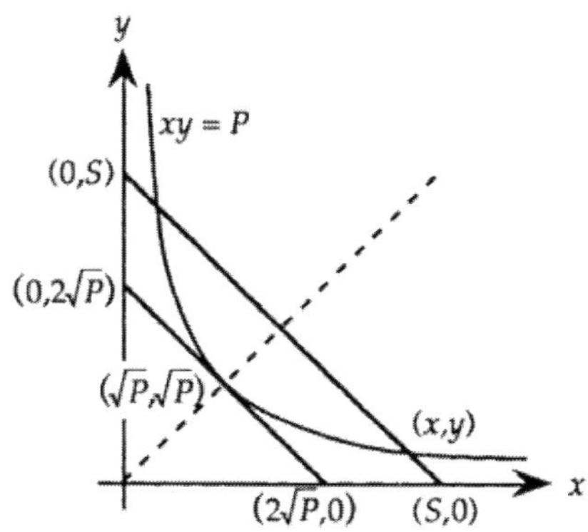

2. 합이 일정한 두 양수의 곱은 두 수가 같을 때 제일 크다.

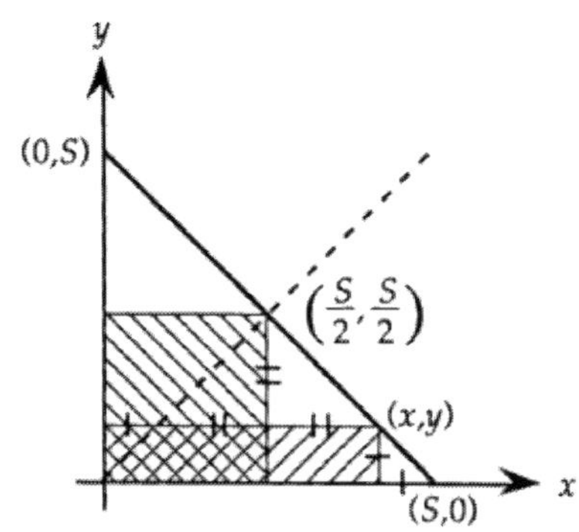

조화평균(HM)·기하평균(GM)·산술평균(AM)·제곱평균제곱근(RM) 부등식 I

– 로저 넬센 (Roger B. Nelsen)

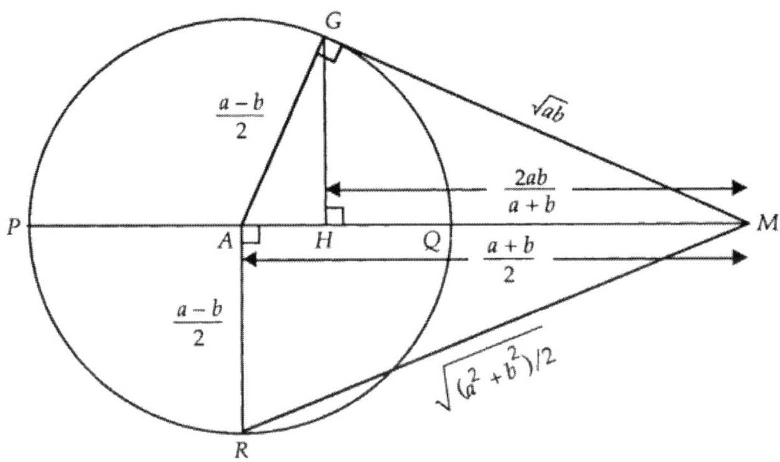

$$PM = a,\ QM = b,\ a > b > 0$$

$$HM < GM < AM < RM$$

$$\frac{2ab}{a+b} < \sqrt{ab} < \frac{a+b}{2} < \sqrt{(a^2+b^2)/2}$$

조화평균·기하평균·산술평균·제곱평균제곱근 부등식 II

– 시드니 쿵 (Sidney H. Kung)

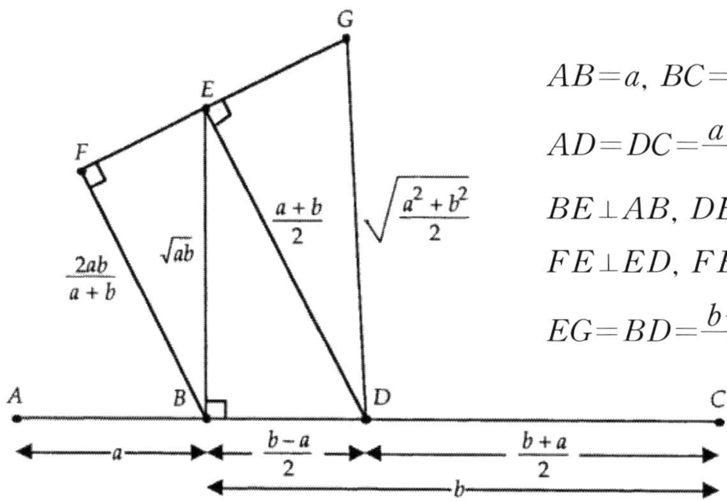

$AB=a,\ BC=b$

$AD=DC=\frac{a+b}{2}$

$BE\perp AB,\ DE=AD$

$FE\perp ED,\ FB\parallel ED$

$EG=BD=\frac{b-a}{2}$

조화평균·기하평균·산술평균·제곱평균제곱근 부등식Ⅲ

– 로저 넬센 (Roger B. Nelsen)

$$a,\ b>0 \Rightarrow \sqrt{(a^2+b^2)/2} \geq \frac{a+b}{2} \geq \sqrt{ab} \geq \frac{2ab}{a+b}$$

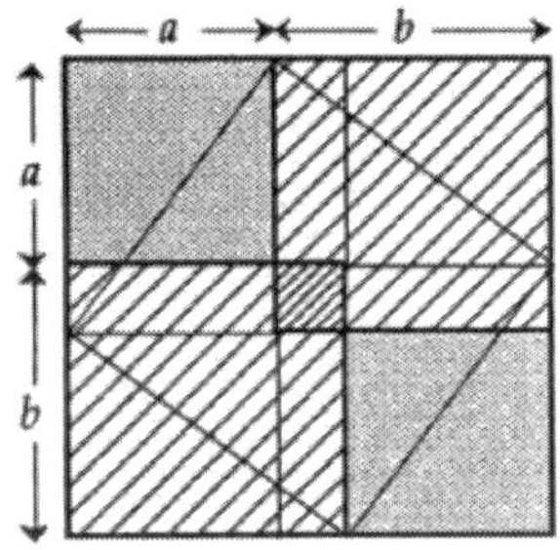

$$2a^2+2b^2 \geq (a+b)^2$$

$$\sqrt{\frac{a^2+b^2}{2}} \geq \frac{a+b}{2}$$

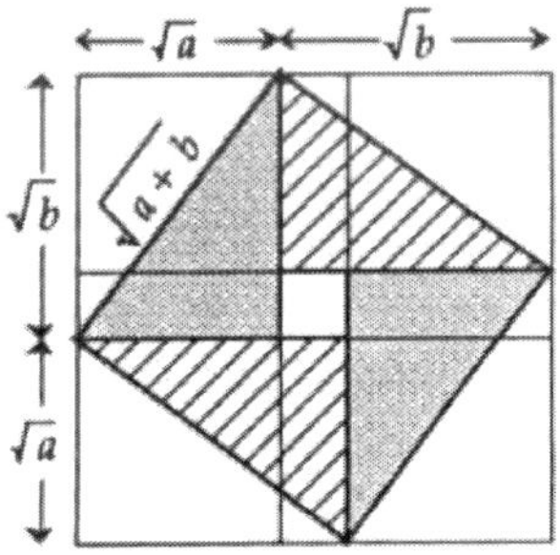

$$(\sqrt{a+b})^2 \geq 4 \cdot \frac{1}{2}\sqrt{a}\sqrt{b}$$

$$\frac{a+b}{2} \geq \sqrt{ab}$$

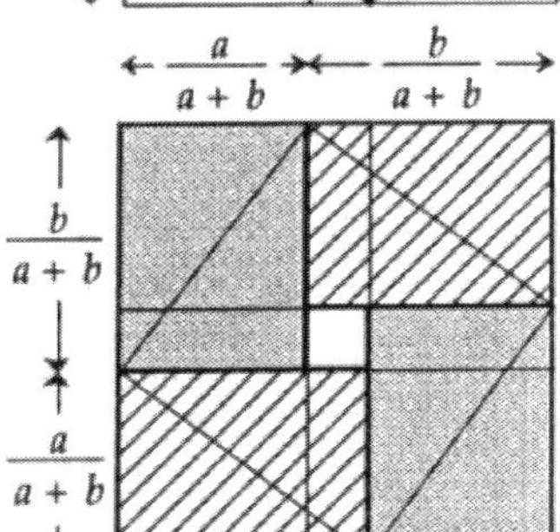

$$1 \geq 4\frac{a}{a+b} \cdot \frac{b}{a+b}$$

$$\sqrt{ab} \geq \frac{2ab}{a+b}$$

다섯 평균 사이의 관계

– 로저 넬센 (Roger B. Nelsen)

산술평균 : $am=AM(a,\ b)=\dfrac{a+b}{2}$

역조화평균 : $cm=CM(a,\ b)=\dfrac{a^2+b^2}{a+b}$

기하평균 : $gm=GM(a.\ b)=\sqrt{ab}$

조화평균 : $hm=HM(a,\ b)=\dfrac{2ab}{a+b}$

제곱평균제곱근 : $rms=RMS(a,\ b)=\sqrt{\dfrac{a^2+b^2}{2}}$

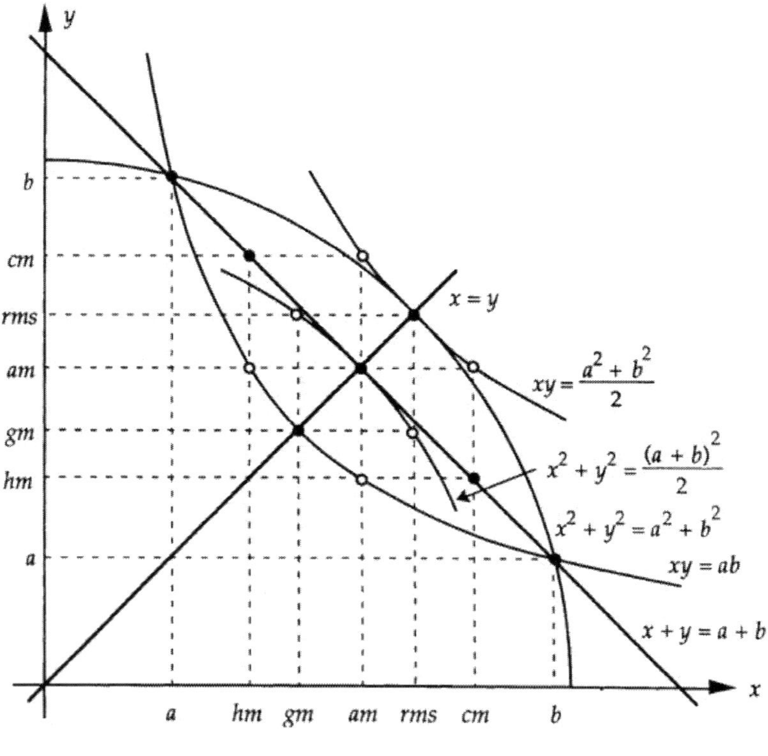

1. $0<a<b \Rightarrow$

$$a<\frac{2ab}{a+b}<\sqrt{ab}<\frac{a+b}{2}<\sqrt{\frac{a^2+b^2}{2}}<\frac{a^2+b^2}{a+b}<b$$

2. $hm+cm=a+b \Rightarrow AM(hm,\ cm)=am.$

3. $hm\cdot am=a\cdot b \Rightarrow GM(hm,\ am)=gm.$

4. $am\cdot cm=\dfrac{a^2+b^2}{2} \Rightarrow GM(am,\ cm)=rms.$

5. $gm^2+rms^2=\dfrac{(a+b)^2}{2} \Rightarrow RMS(gm,\ rms)=am.$

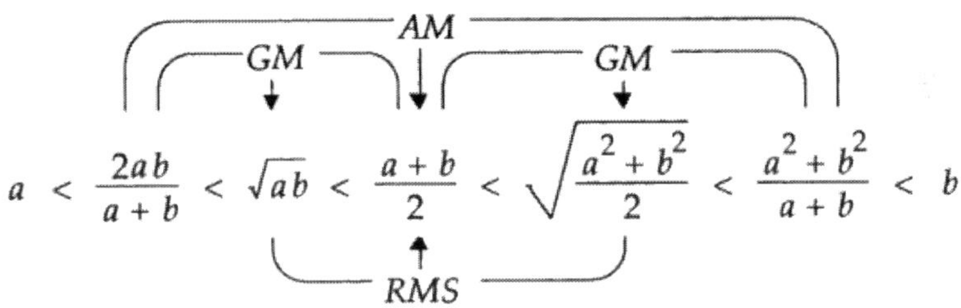

$$e^{\pi} > \pi^{e}$$

– 포아드 나흘리 (Fouad Nakhli)

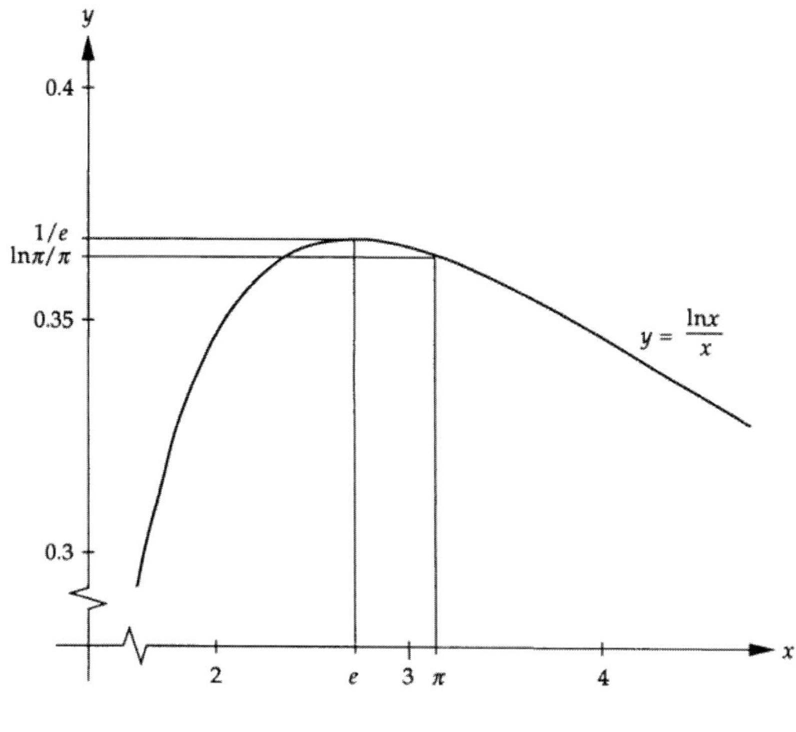

$A^B > B^A,\ e \le A < B$

– 찰스 갤런트 (Charles D. Gallant)

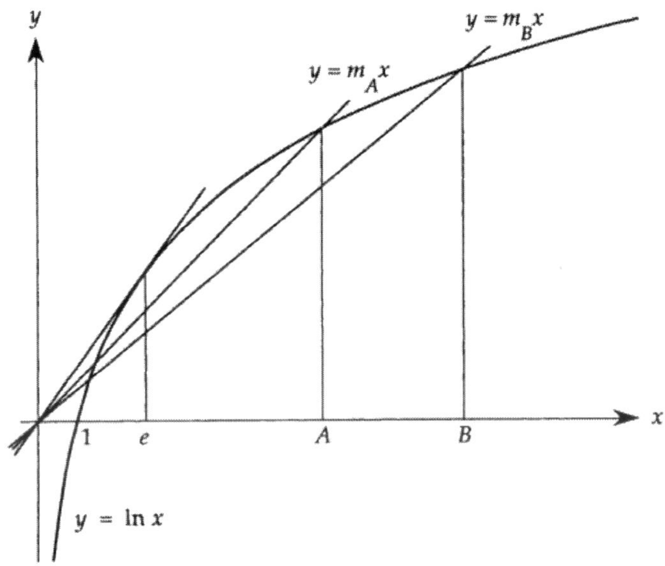

$$e \le A < B \Rightarrow m_A > m_B$$

$$\Rightarrow \frac{\ln A}{A} > \frac{\ln B}{B}$$

$$\Rightarrow A^B > B^A$$

중분수(Mediant)의 성질

– 리처드 깁스 (Richard A. Gibbs)

$$\frac{a}{b}<\frac{c}{d} \Rightarrow \frac{a}{b}<\frac{a+b}{b+d}<\frac{c}{d}$$

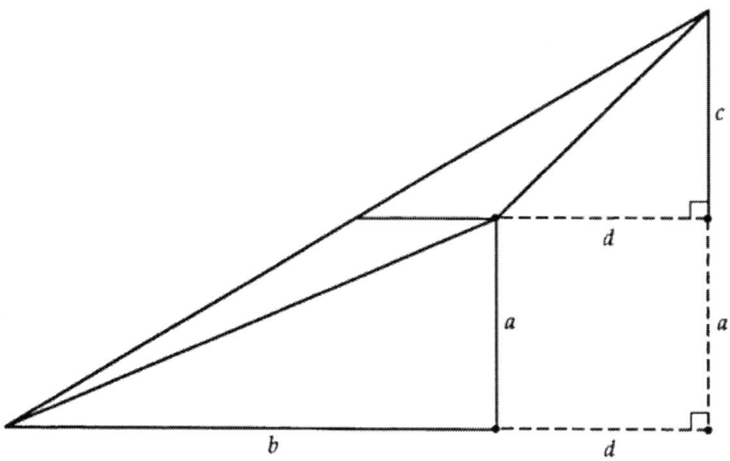

평균에 대한 법칙(두 가지 증명)
[니콜라스 슈케, 수의 과학 3부작. 1484]

–1. 리창밍 (李長明) 2. 로저 넬센 (Roger B. Nelsen)

$$a,\ b,\ c,\ d>0;\ \frac{a}{b}<\frac{c}{d} \Rightarrow \frac{a}{b}<\frac{a+b}{b+d}<\frac{c}{d}$$

1.
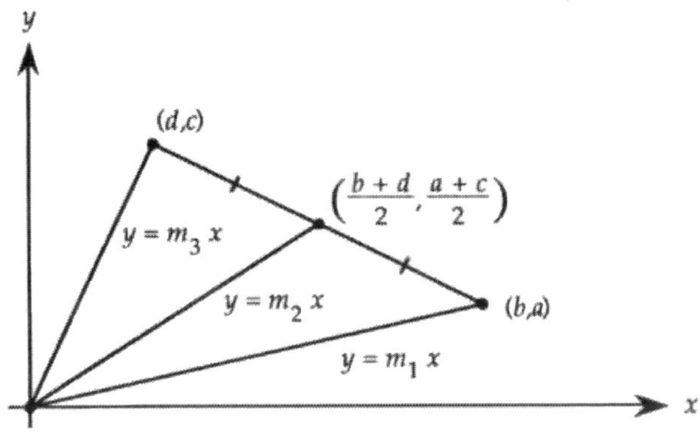

$$m_1<m_3 \Rightarrow m_1<m_2<m_3$$

2.
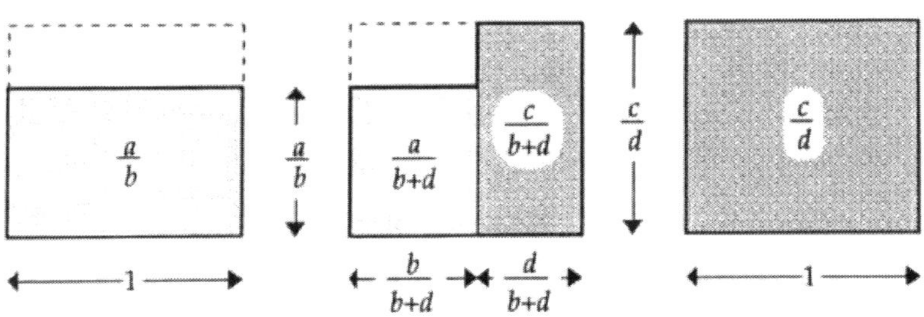

$$\frac{a}{b}<\frac{a}{b+d}+\frac{c}{b+d}<\frac{c}{d}$$

어떤 양수와 그 역수의 합은 적어도 2가 됨(네 가지 증명)

– 로저 넬센 (Roger B. Nelsen)

1.

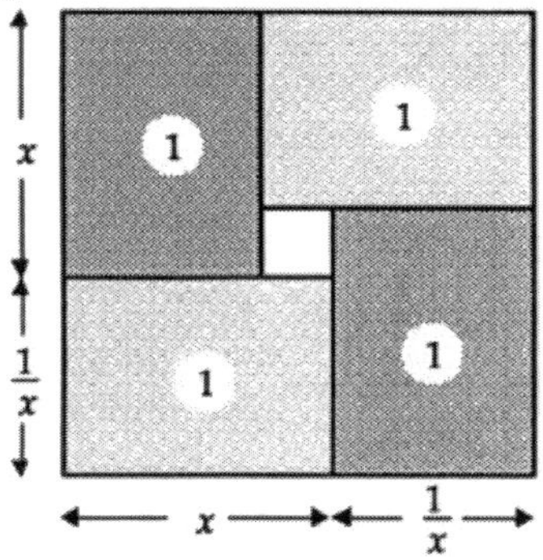

2.

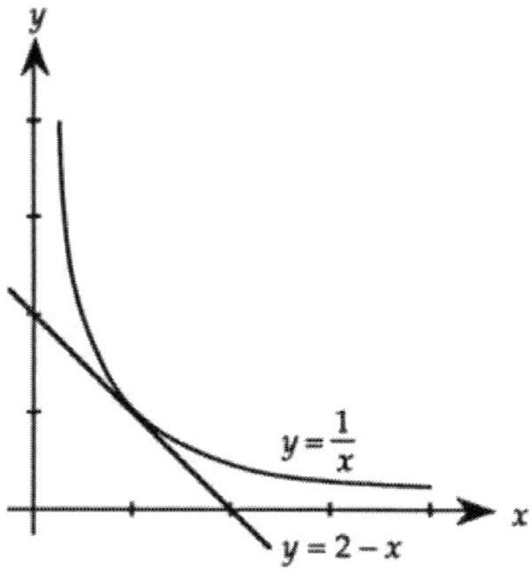

3.

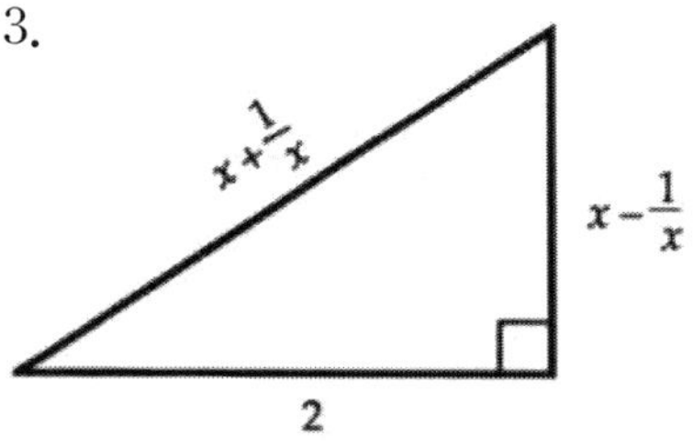

4.

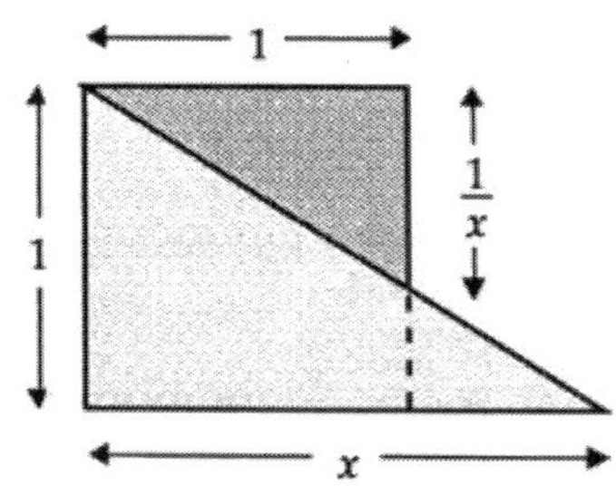

$$x \geq 1 \Rightarrow x + \frac{1}{x} \geq 2$$

아리스타쿠스의 부등식

- 로저 넬센 (Roger B. Nelsen)

$$0<\beta<\alpha<\frac{\pi}{2} \Rightarrow \frac{\sin\alpha}{\sin\beta}<\frac{\alpha}{\beta}<\frac{\tan\alpha}{\tan\beta}$$

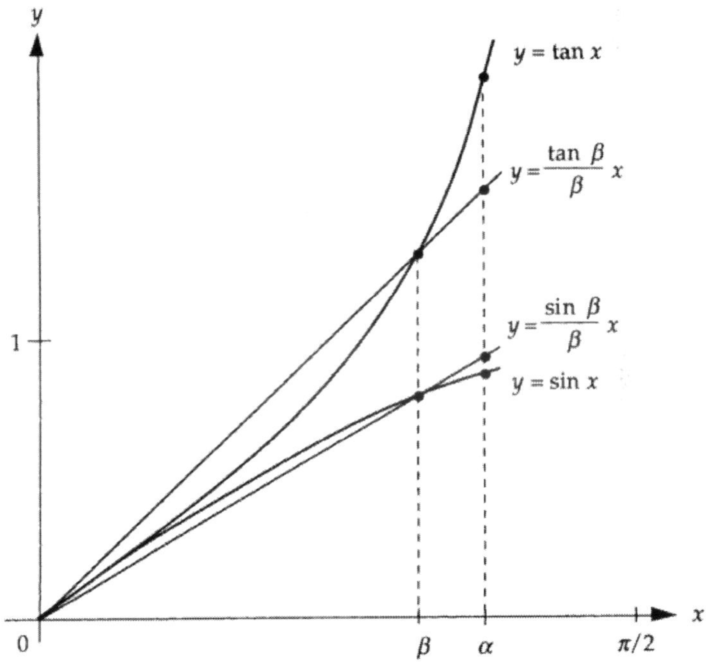

$$\sin\alpha<\frac{\sin\beta}{\beta}\alpha;\ \sin\alpha<\frac{\tan\beta}{\beta}\alpha<\tan\alpha$$

$$\therefore \frac{\sin\alpha}{\sin\beta}<\frac{\alpha}{\beta}<\frac{\tan\alpha}{\tan\beta}$$

코시 – 슈바르츠 부등식

– 로저 넬센 (Roger B. Nelsen)

$$|\langle a,\ b\rangle \cdot \langle x,\ y\rangle| \leq \|\langle a,\ b\rangle\| \, \|\langle x,\ y\rangle\|$$

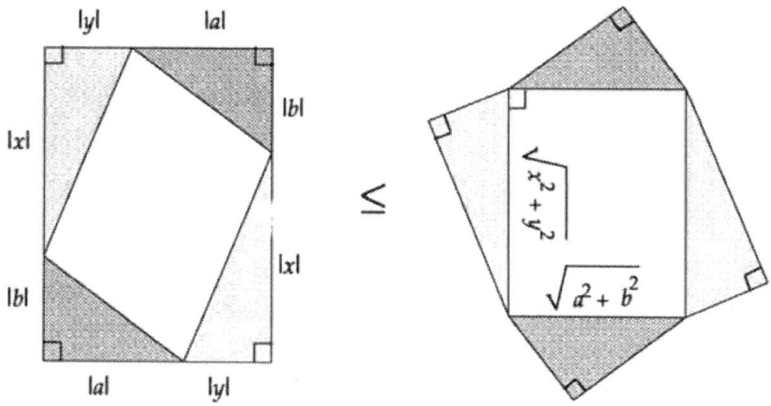

$$(|a|+|y|)(|b|+|x|) \leq 2\left(\frac{1}{2}|a||b|+\frac{1}{2}|x||y|\right)$$
$$+\sqrt{a^2+b^2}\sqrt{x^2+y^2}$$
$$\therefore\ |ax+by| \leq |a||x|+|b||y| \leq \sqrt{a^2+b^2}\sqrt{x^2+y^2}$$

베르누이 부등식(두 가지 증명)

– 로저 넬센 (Roger B. Nelsen)

$$x>0,\ x\neq 1,\ r>1 \Rightarrow x^r-1>r(x-1)$$

1. 미분을 이용

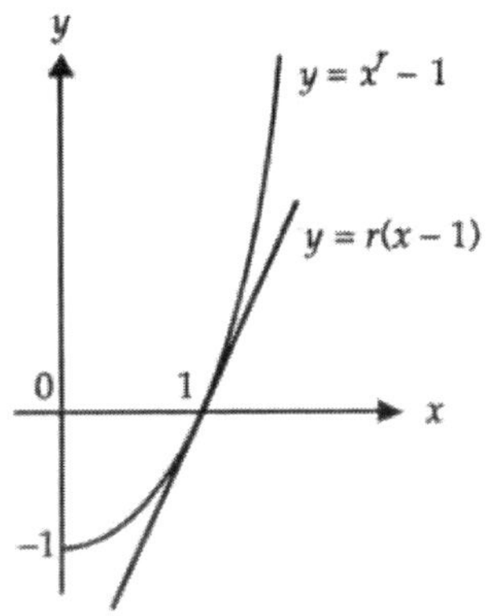

2. 적분을 이용

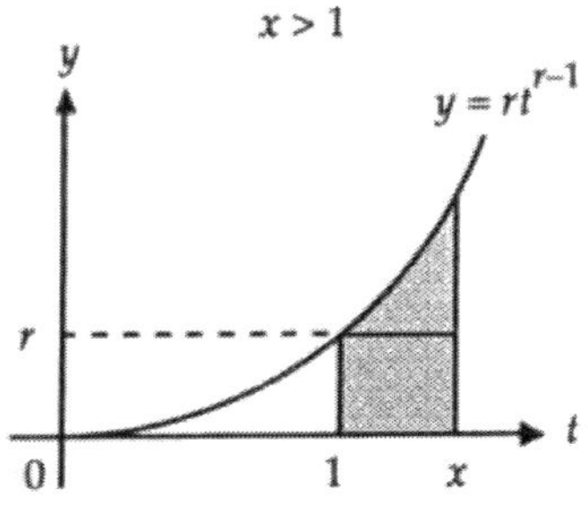

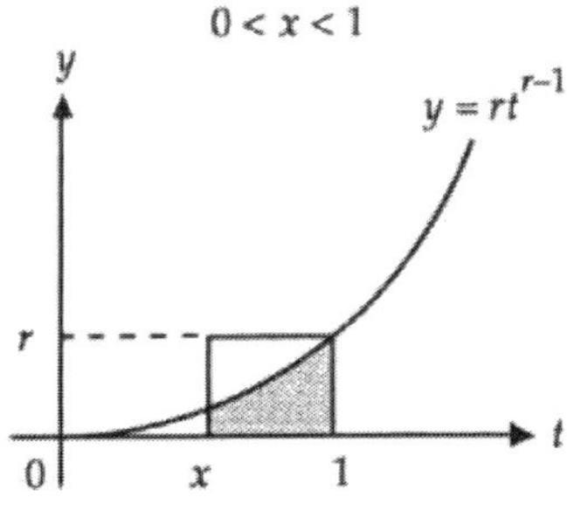

$$x^r-1=\int_1^x rt^{r-1}dt>r(x-1) \qquad 1-x^r=\int_x^1 rt^{r-1}dt<r(1-x)$$

네이피어 부등식 (두 가지 증명)

- 로저 넬센 (Roger B. Nelsen)

$$b>a>0 \Rightarrow \frac{1}{b}<\frac{\ln b-\ln a}{b-a}<\frac{1}{a}$$

1. 미분을 이용

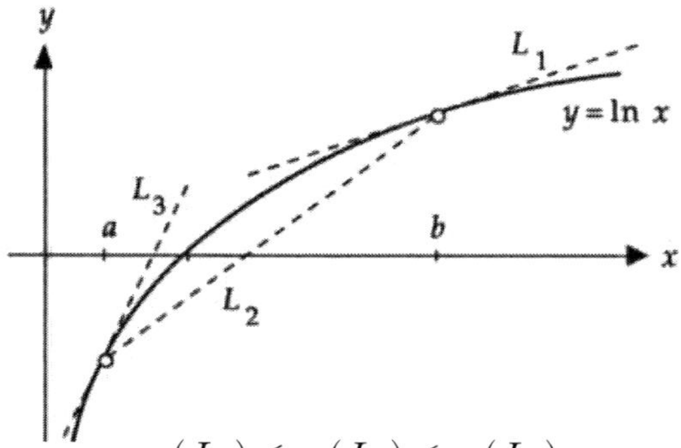

$$m(L_1)<m(L_2)<m(L_3)$$

2. 적분을 이용

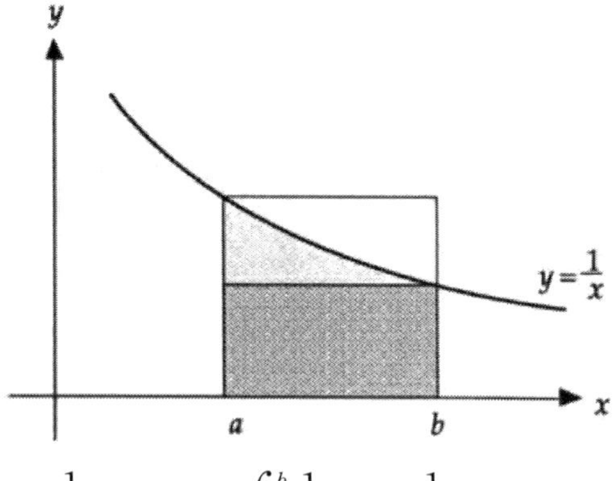

$$\frac{1}{b}(b-a)<\int_a^b \frac{1}{x}dx<\frac{1}{a}(b-a)$$

자연수의 여러 가지 합

Integer Sums

자연수의 합 I

– 고대 그리스 (마틴 가드너의 말)

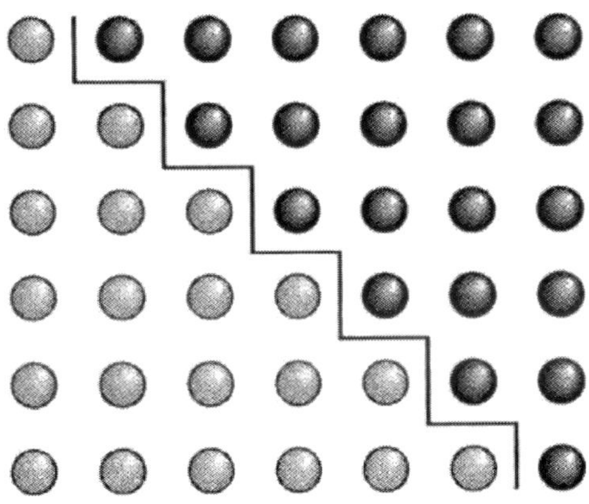

$$1+2+\cdots+n=\frac{1}{2}n(n+1)$$

자연수의 합 II

– 이안 리처즈 (Ian Richards)

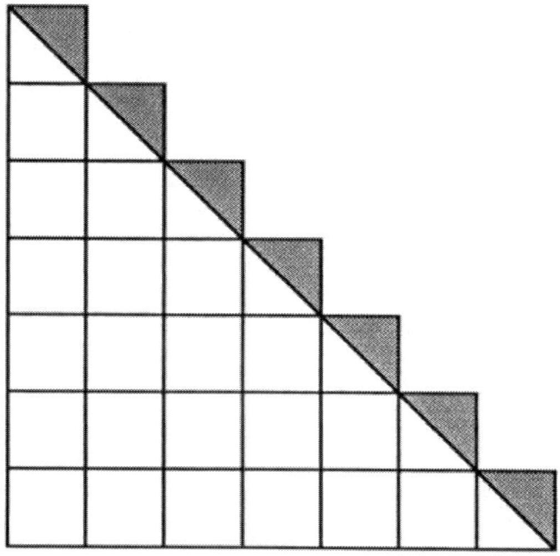

$$1+2+\cdots+n=\frac{n^2}{2}+\frac{n}{2}$$

수의 합 I

– 게라사의 니코마코스 (Nicomachus of Gerasa, 100년경)

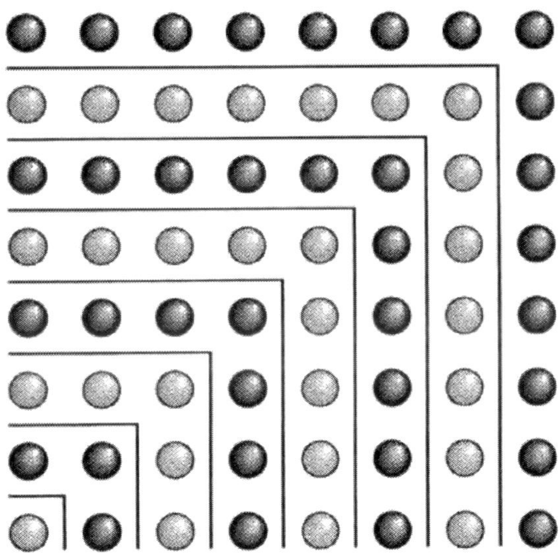

$$1+3+5+\cdots+(2n-1)=n^2$$

홀수의 합 II

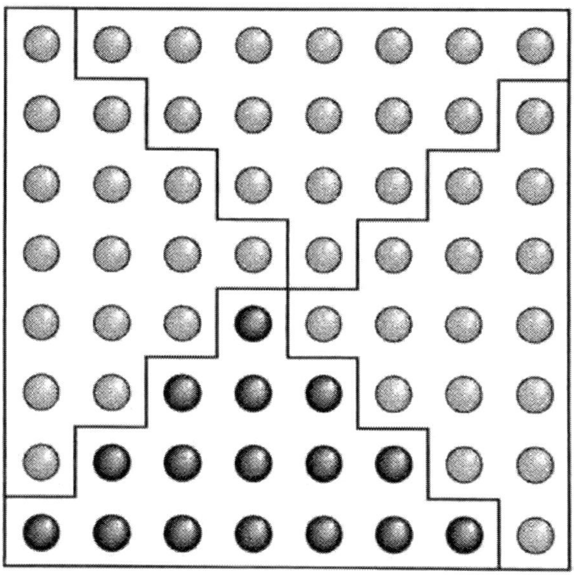

$$1+3+\cdots+(2n-1)=\frac{1}{4}(2n)^2=n^2$$

홀수의 합Ⅲ

– 예뇌 레헬 (Jenö Lehel)

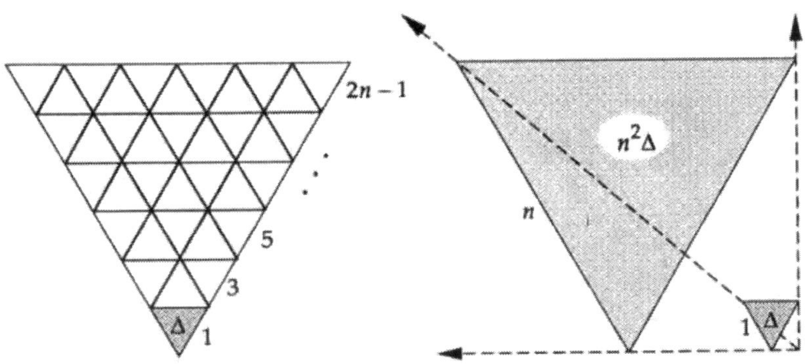

$$\triangle + 3\cdot\triangle + \cdots + (2n-1)\cdot\triangle = A = n^2\cdot\triangle$$

$$\sum_{i=1}^{n}(2i-1) = n^2$$

자연수의 합과 제곱수

– 1. 고대 그리스(마틴 가드너의 말)　2. 김희식

1.

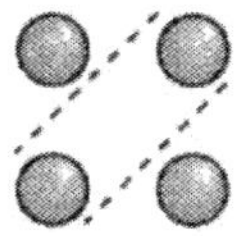

$$1+2+1=2^2$$

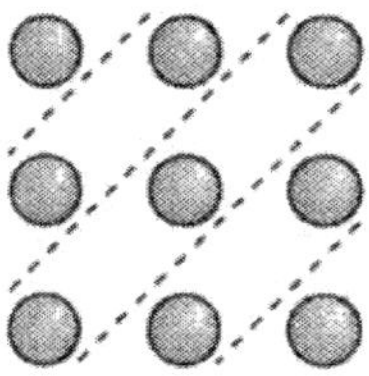

$$1+2+3+2+1=3^2$$

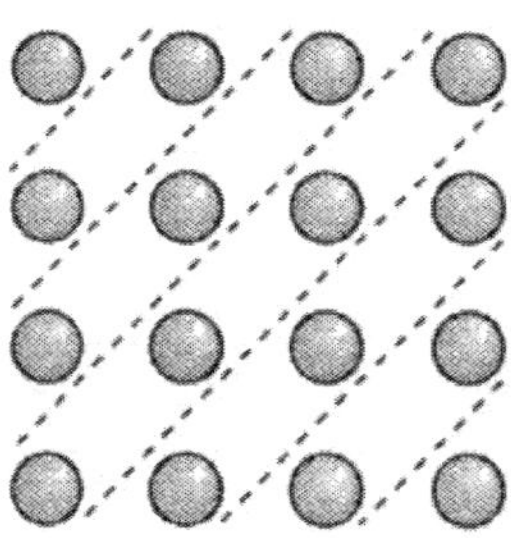

$$1+2+3+4+3+2+1=4^2$$

$$1+2+\cdots+(n-1)+n+(n-1)+\cdots+2+1=n^2$$

2.

$$1+3+1=1^2+2^2$$

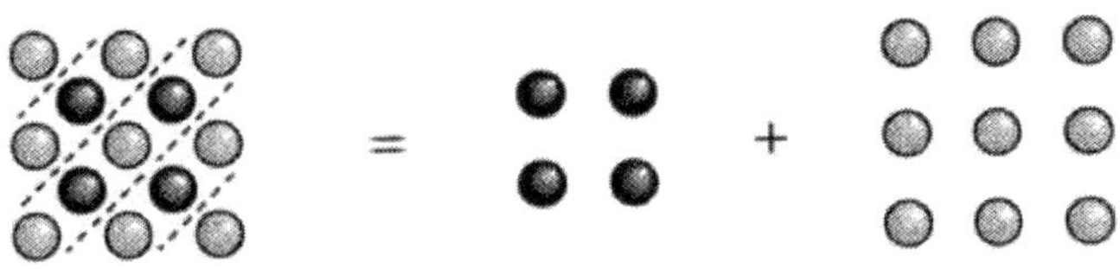

$$1+3+5+3+1=2^2+3^2$$

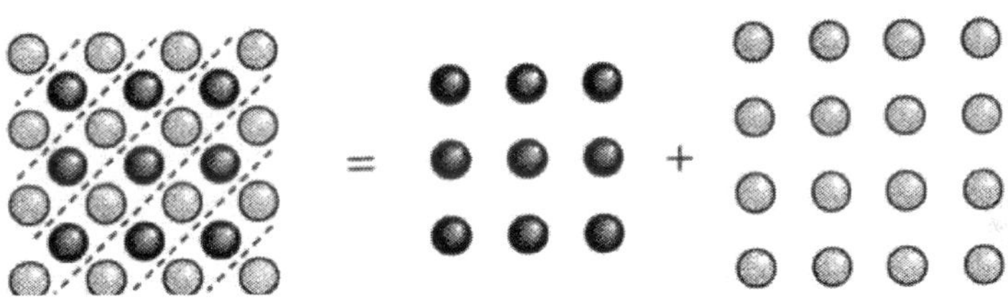

$$1+3+5+7+5+3+1=3^2+4^2$$

$$\vdots$$

$$1+3+\cdots+(2n-1)+(2n+1)+(2n-1)+\cdots+3+1$$
$$=n^2+(n+1)^2$$

한 항의 제곱과 같은 등차수열의 합

– 제임스 칠라카 (James O. Chilaka)

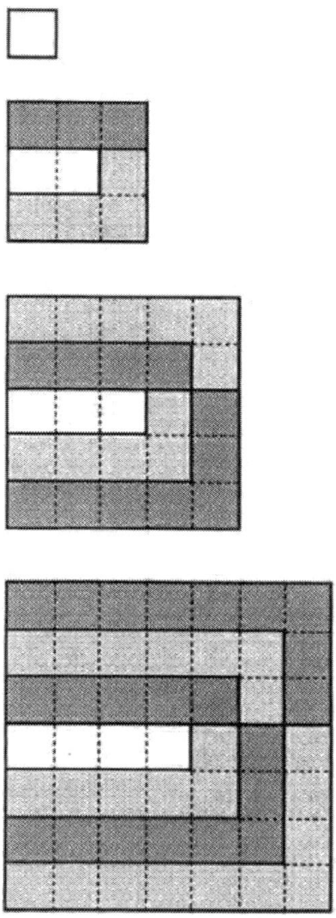

$$\sum_{k=n}^{3n-2} k=(2n-1)^2;\ n=1,\ 2,\ 3,\ \cdots.$$

$n=4$

$4+5+6+7+8+9+10=7^2$

제곱수의 합 I

– 시우만궁(蕭文強)

$$1^2+2^2+\cdots+n^2=\frac{1}{3}n(n+1)(n+\frac{1}{2})$$

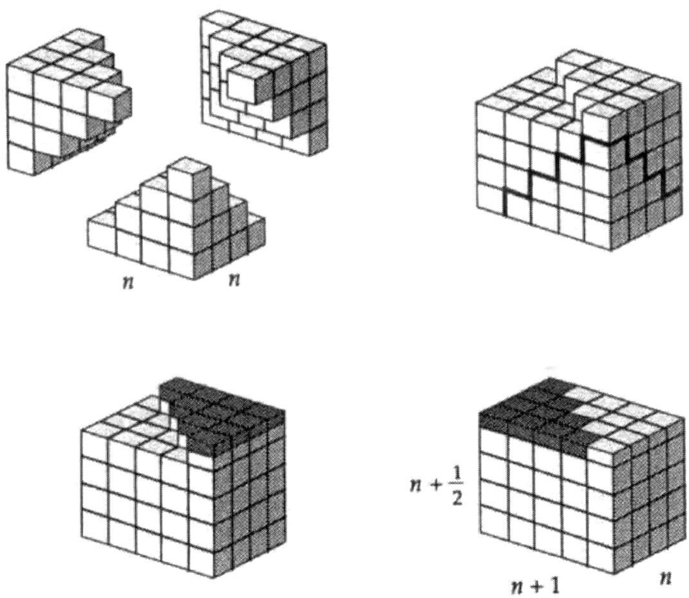

제곱수의 합 II

– 마틴 가드너 (Martin Gardner), 댄 칼만 (Dan Kalman) (각자 증명)

$$3(1^2+2^2+\cdots+n^2)=(2n+1)(1+2+\cdots+n)$$

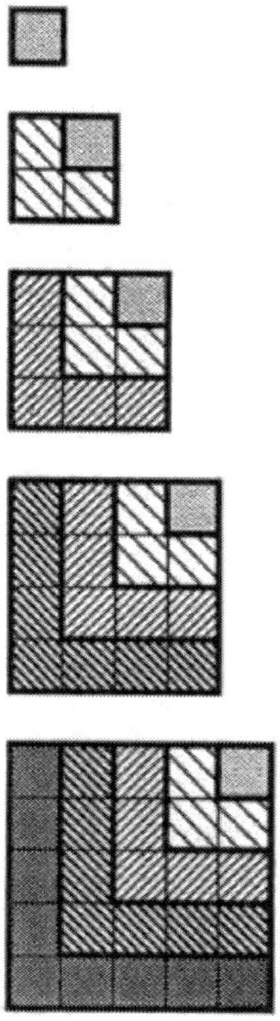

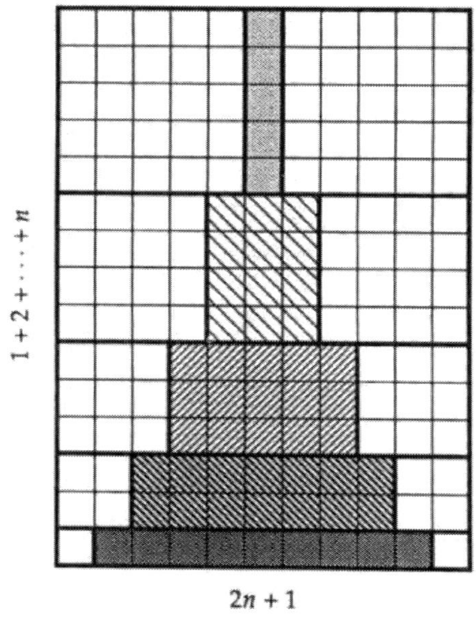

제곱수의 합Ⅲ

– 시드니 쿵 (Sidney H. Kung)

$$3(1^2+2^2+\cdots+n^2)=\frac{1}{2}n(n+1)(2n+1)$$

$$\begin{array}{lllll} n & n & \cdots & n & n \\ n-1 & n-1 & \cdots & n-1 & \\ \cdot & \cdot & \cdot & & \\ \cdot & \cdot & \cdot & & \\ \cdot & \cdot & \cdot & & \\ 2 & 2 & & & \\ 1 & & & & \end{array} + \begin{array}{lllll} n & n-1 & \cdots & 2 & 1 \\ n & n-1 & \cdots & 2 & \\ \cdot & \cdot & \cdot & & \\ \cdot & \cdot & \cdot & & \\ \cdot & \cdot & \cdot & & \\ n & n-1 & & & \\ n & & & & \end{array} + \begin{array}{lllll} 1 & 2 & \cdots & n-1 & n \\ 2 & 3 & \cdots & n & \\ \cdot & \cdot & \cdot & & \\ \cdot & \cdot & \cdot & & \\ \cdot & \cdot & \cdot & & \\ n-1 & n & & & \\ n & & & & \end{array}$$

$$= \begin{array}{lllll} 2n+1 & 2n+1 & \cdots & 2n+1 & 2n+1 \\ 2n+1 & 2n+1 & \cdots & 2n+1 & \\ \cdot & \cdot & \cdot & & \\ \cdot & \cdot & \cdot & & \\ \cdot & \cdot & \cdot & & \\ 2n+1 & 2n+1 & & & \\ 2n+1 & & & & \end{array}$$

제곱수의 합Ⅳ

– 제임스 칠라카 (James O. Chilaka)

$$\sum_{k=1}^{n} k^2 = \left(\sum_{k=1}^{n} k\right)^2 - 2\sum_{k=1}^{n-1}\left[\left(\sum_{i=1}^{k} i\right)(k+1)\right]$$

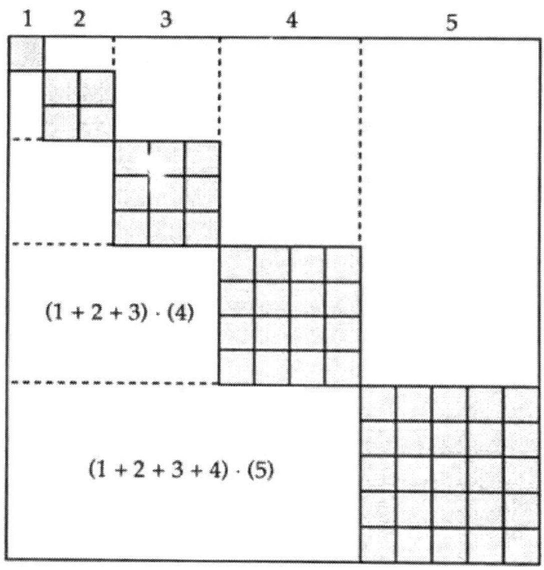

제곱수의 합 V

– 장피춘 (Pi–Chung Chuang)

$$\sum_{i=1}^{n}\sum_{j=1}^{n}j=\sum_{i=1}^{n}i^2$$

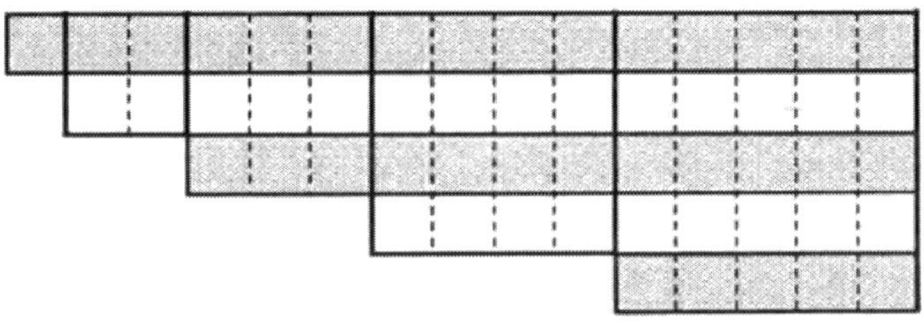

제곱수의 교대 합

– 1. 데이브 로고테티 (Dave Logothetti) 2. 스티븐 스노버 (Steven L. Snover)

1.

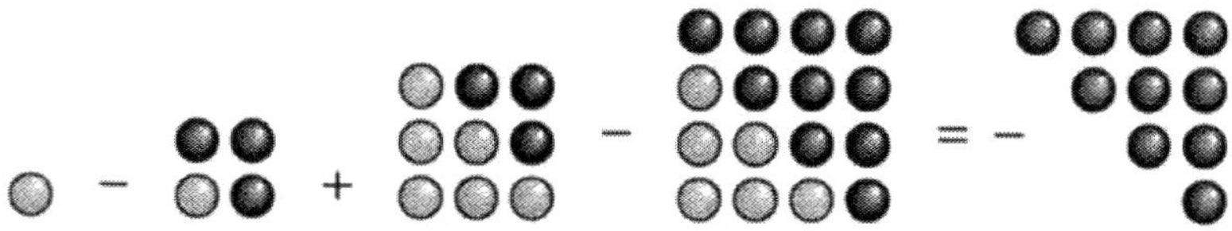

$$\sum_{k=1}^{n}(-1)^{k+1}k^2=(-1)^{n+1}T^n=(-1)^{n+1}\frac{n(n+1)}{2}$$

2.

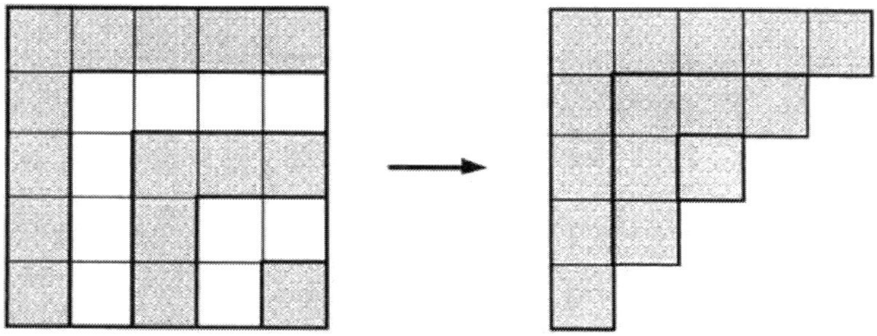

$$n^2-(n-1)^2+\cdots+(-1)^{n-1}(1)^2=\sum_{k=0}^{n}(-1)^k(n-k)^2=\frac{n(n+1)}{2}$$

피보나치 수의 제곱의 합

– 알프레드 브루소 (Alfred Brousseau)

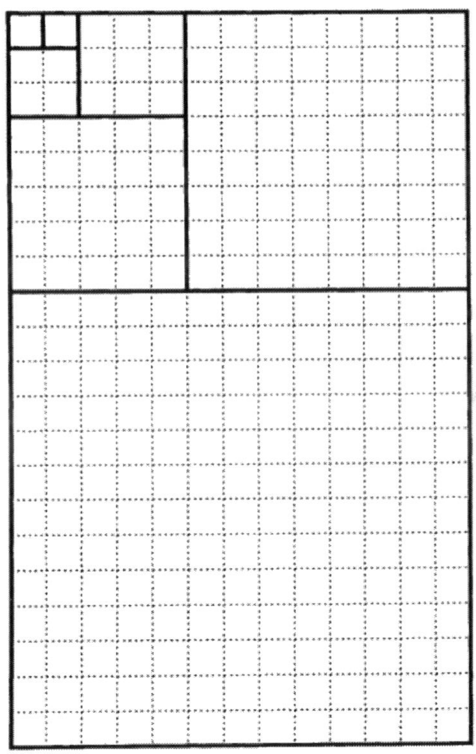

$$F_1 = F_2 = 1;\ F_{n+2} = F_{n+1} + F_n \Rightarrow F_1^2 + F_2^2 + \cdots + F_n^2 = F_n F_{n+1}$$

세제곱수의 합 I

– 솔로몬 골롬 (Solomon W. Golomb)

$$1^3+2^3+3^3+\cdots+n^3=(1+2+3+\cdots+n)^2$$

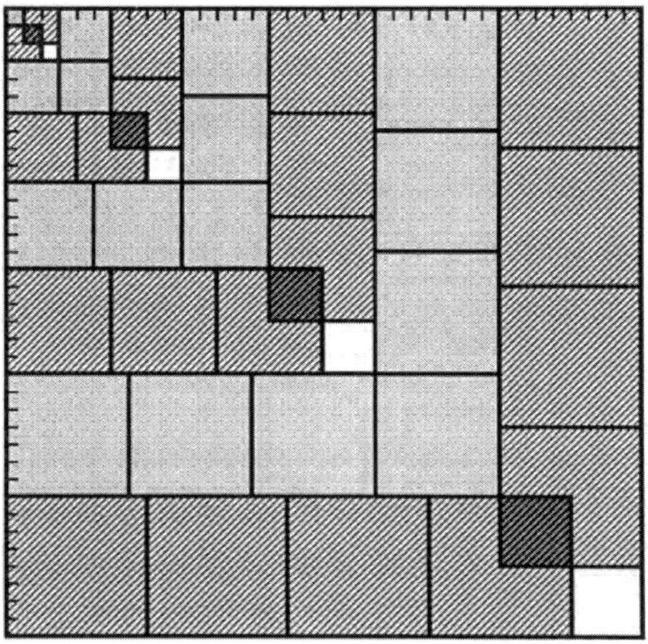

세제곱수의 합 II

– 베리 러브 (J. Berry Love)

$$1^3+2^3+3^3+\cdots+n^3=(1+2+3+\cdots+n)^2$$

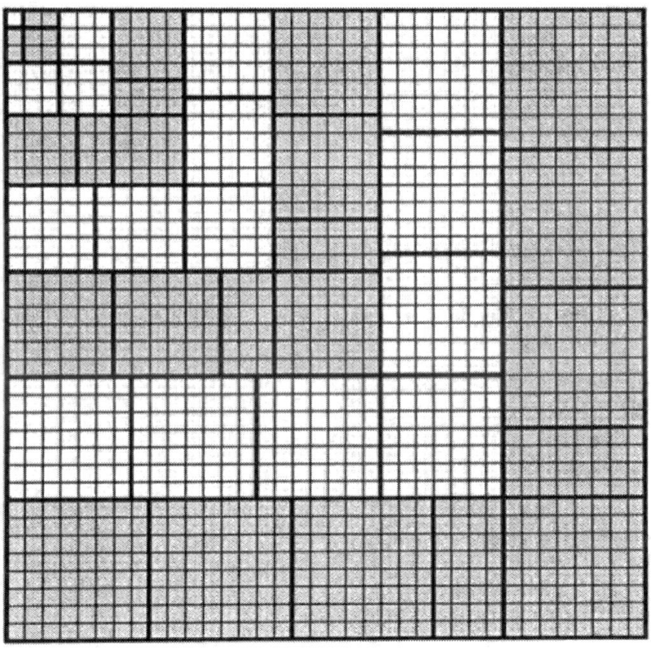

세제곱수의 합 III

– 앨런 프라이 (Alan L. Fry)

$$1^3+2^3+3^3+\cdots+n^3=(1+2+3+\cdots+n)^2$$

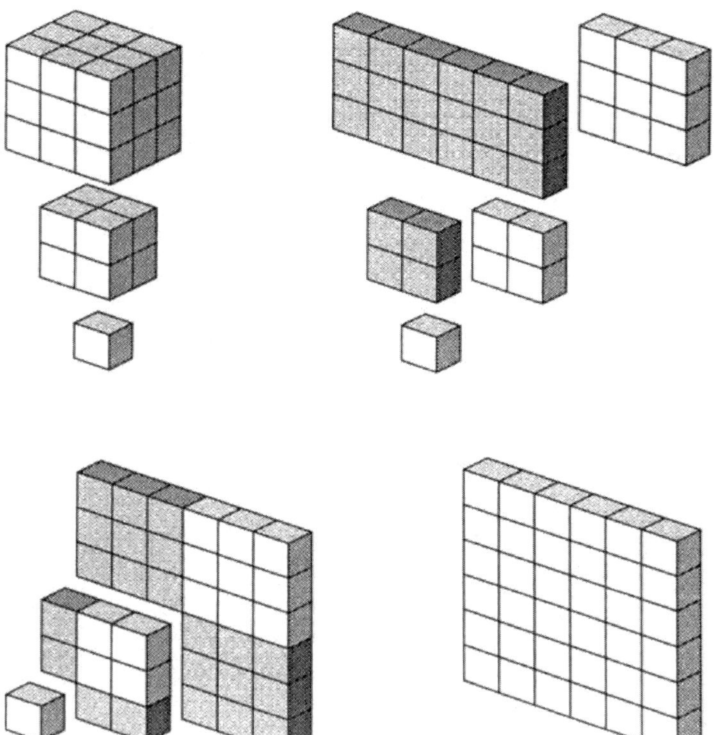

세제곱수의 합Ⅳ

– 안토넬라 쿠필라리 (Antonella Cupillari), 워렌 루시바흐 (Warren Lushbaugh) (각자 증명)

$$1^3+2^3+3^3+\cdots+n^3=\frac{1}{4}[n(n+1)]^2$$

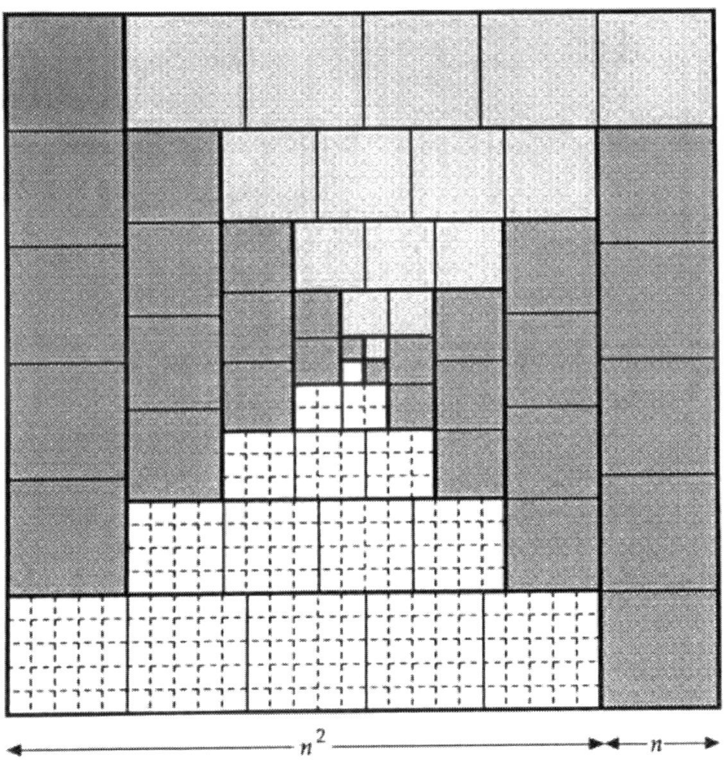

세제곱수의 합 V

- 로저 넬센 (Roger B. Nelsen)

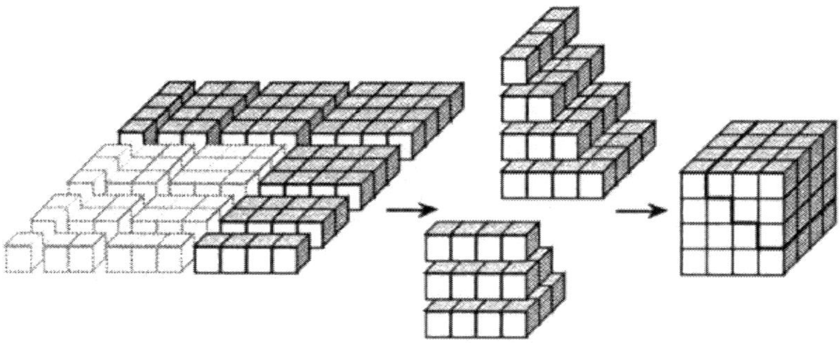

$$t_n = 1 + 2 + \cdots + n \Rightarrow t_n^2 - t_{n-1}^2 = n^3$$

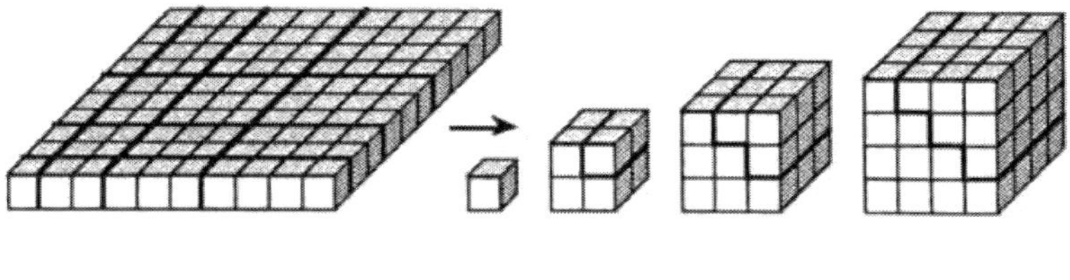

$$t_n^2 = (1 + 2 + \cdots + n)^2 = 1^3 + 2^3 + 3^3 + \cdots + n^3$$

세제곱수의 합Ⅵ

– 파루드 프루세피 (Farhood Pouryoussefi)

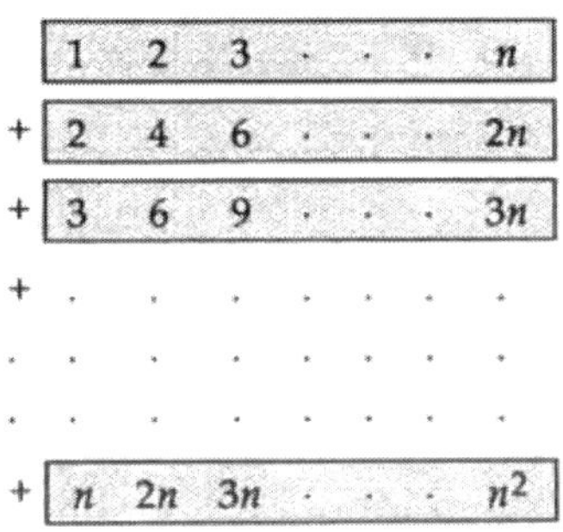

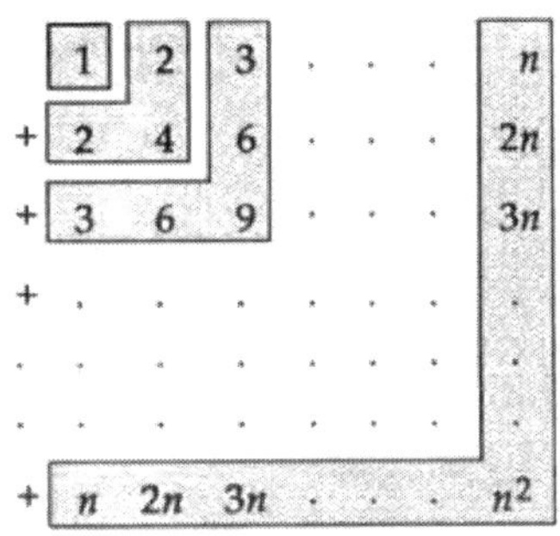

$$=\sum_{i=1}^{n} i+2\sum_{i=1}^{n} i+\cdots+n\sum_{i=1}^{n} i \qquad =1(1)^2+2(2)^2+\cdots+n(n)^2$$

$$=\left(\sum_{i=1}^{n} i\right)^2 \qquad =\sum_{i=1}^{n} i^3$$

자연수의 합과 세제곱수의 합

– 게오르그 슈라게 (Georg Schrage)

$$1+2+\cdots+n=\frac{1}{2}n(n+1)$$

$$1^3+2^3+\cdots+n^3=\left(\frac{1}{2}n(n+1)\right)^2$$

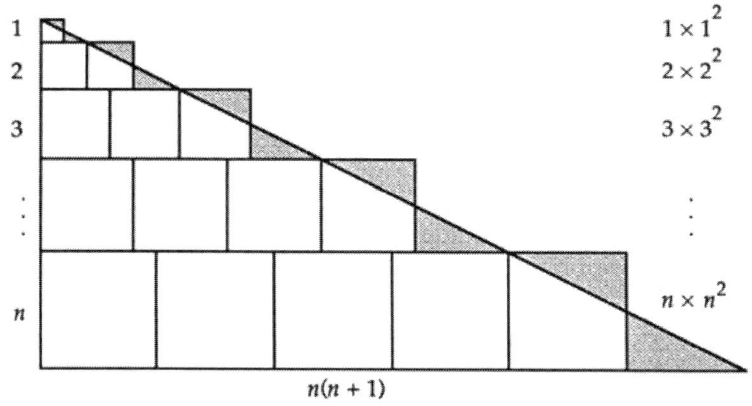

홀수의 세제곱의 합과 삼각수

– 몬테 저거 (Monte J. Zerger)

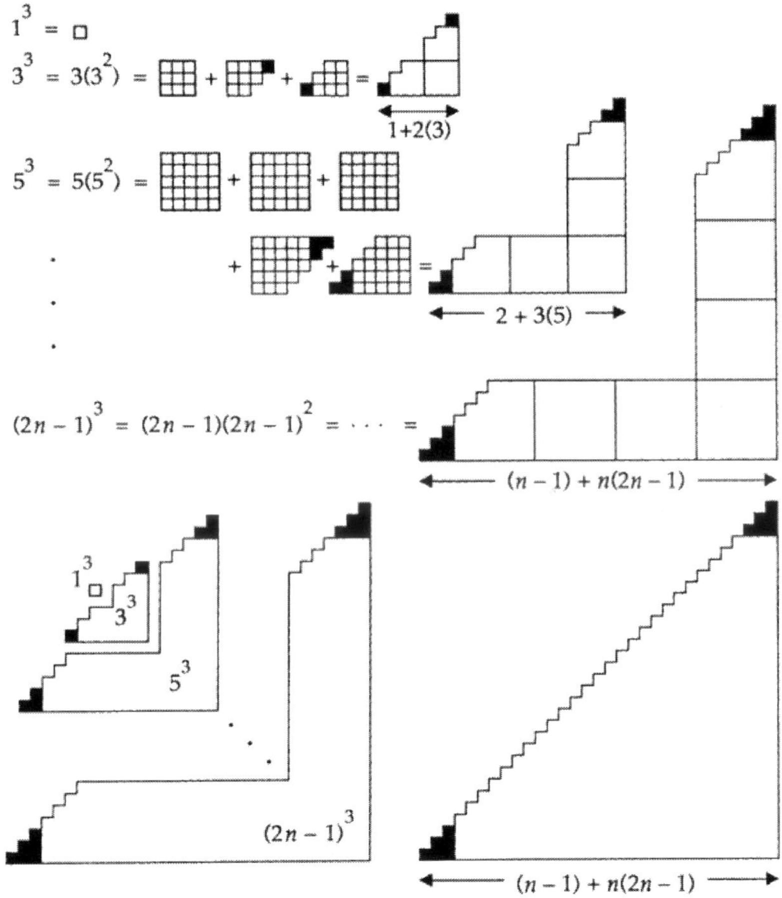

$$1^3+3^3+5^3+\cdots+(2n-1)^3=1+2+3+\cdots+(2n^2-1)=n^2(2n^2-1)$$

네제곱수의 합

– 엘리자베스 마크험 (Elizabeth M. Markham)

$$\sum_{i=1}^{n} i^4 = \left(\sum_{i=1}^{n} i^2\right)^2 - 2\left[\sum_{k=2}^{n}\left(k^2 \sum_{i=1}^{k-1} i^2\right)\right]$$

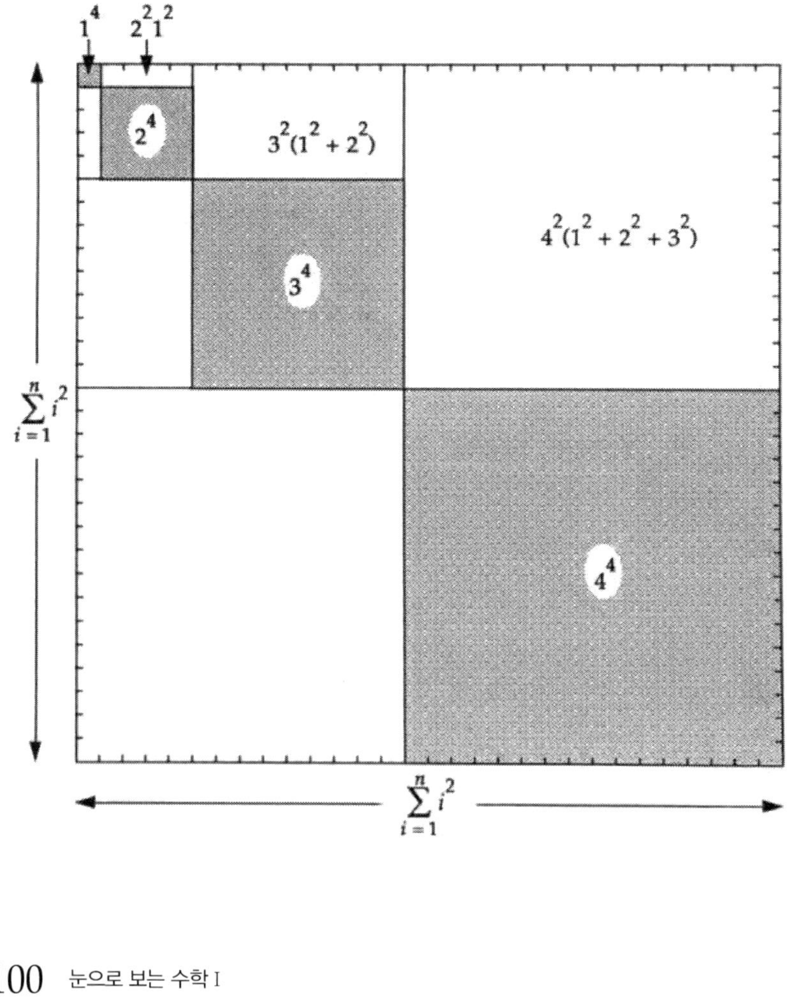

연속되는 홀수의 합으로 자연수의 k제곱을 나타내기

– 고팔라크리슈난 나이르 (N. Gopalakrishnan Nair)

$$n^k=(n^{k-1}-n+1)+(n^{k-1}-n+3)+\cdots+(n^{k-1}-n+2n-1);$$

$$k=2,\ 3,\ \cdots.$$

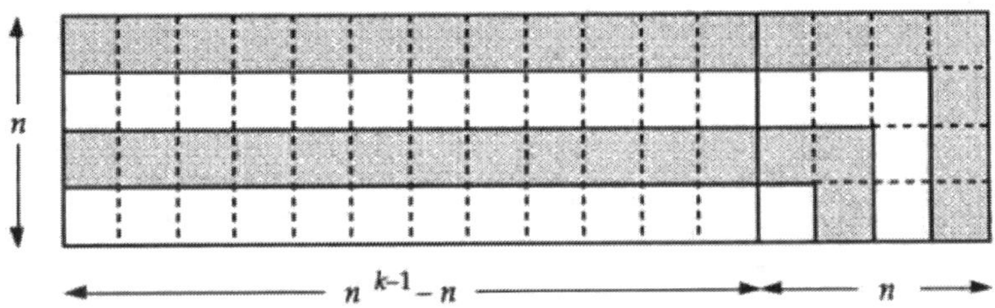

삼각수의 합 I

– 몬테 저거 (Monte J. Zerger)

$$T_n = 1+2+\cdots+n \Rightarrow T_1+T_2+\cdots+T_n = \frac{n(n+1)(n+2)}{6}$$

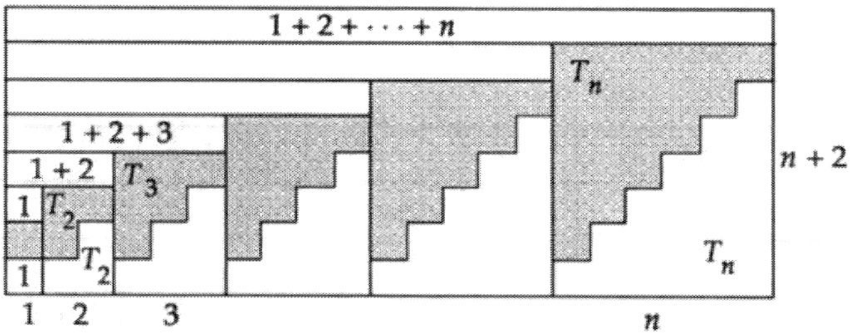

$$3(T_1+T_2+\cdots+T_n) = (n+2)\cdot T_n$$

$$T_1+T_2+\cdots+T_n = \frac{(n+2)}{3}\cdot\frac{n(n+1)}{2} = \frac{n(n+1)(n+2)}{6}$$

삼각수의 합 II

– 로저 넬센 (Roger B. Nelsen)

$$T_k = 1 + 2 + \cdots + k \Rightarrow \sum_{k=1}^{n} T_k = \frac{1}{6} n(n+1)(n+2)$$

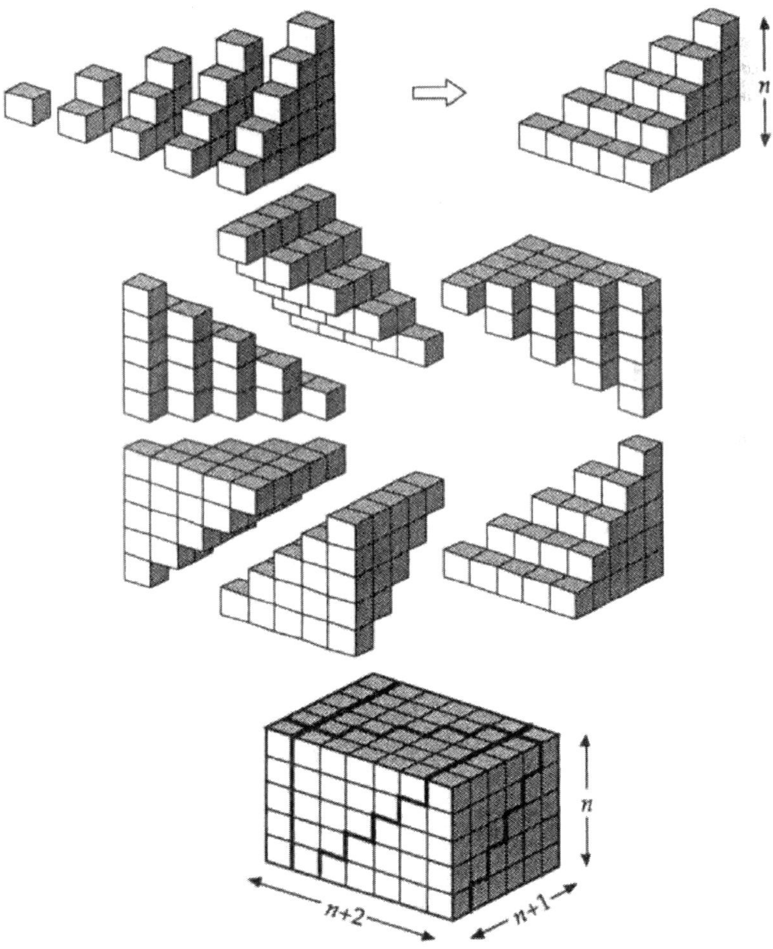

삼각수의 합Ⅲ

$$T_k=1+2+\cdots+k \Rightarrow 3\sum_{k=1}^{n} T_k=\frac{1}{2}n(n+1)(n+2)$$

$$
\begin{array}{ccccc}
1 & & & & \\
1 & 2 & & & \\
1 & 2 & 3 & & \\
\cdot & \cdot & \cdot & \cdot & \\
\cdot & \cdot & \cdot & & \cdot \\
1 & 2 & \cdots & n-1 & \\
1 & 2 & \cdots & n-1 & n
\end{array}
+
\begin{array}{ccccc}
1 & & & & \\
2 & 1 & & & \\
3 & 2 & 1 & & \\
\cdot & \cdot & \cdot & \cdot & \\
 & \cdot & \cdot & \cdot & \\
n-1 & n-2 & \cdots & 1 & \\
n & n-1 & \cdots & 2 & 1
\end{array}
+
\begin{array}{ccccc}
n & & & & \\
n-1 & n-1 & & & \\
n-2 & n-2 & n-2 & & \\
\cdot & \cdot & \cdot & \cdot & \\
\cdot & \cdot & \cdot & \cdot & \\
2 & 2 & \cdots & 2 & \\
1 & 1 & \cdots & 1 & 1
\end{array}
$$

$$
=
\begin{array}{ccccc}
n+2 & & & & \\
n+2 & n+2 & & & \\
n+2 & n+2 & n+2 & & \\
\cdot & \cdot & \cdot & & \\
\cdot & \cdot & \cdot & \cdot & \\
n+2 & n+2 & \cdots & n+2 & \\
n+2 & n+2 & \cdots & n+2 & n+2
\end{array}
$$

$$3(T_1+T_2+\cdots+T_n)=T_n\cdot(n+2)$$

직사각수 (연속되는 두 자연수의 곱)의 합 I

– T. C. 우 (T.C. Wu)

$$(1\times2)+(2\times3)+(3\times4)+\cdots+(n-1)n=\frac{(n-1)n(n+1)}{3}$$

(i)

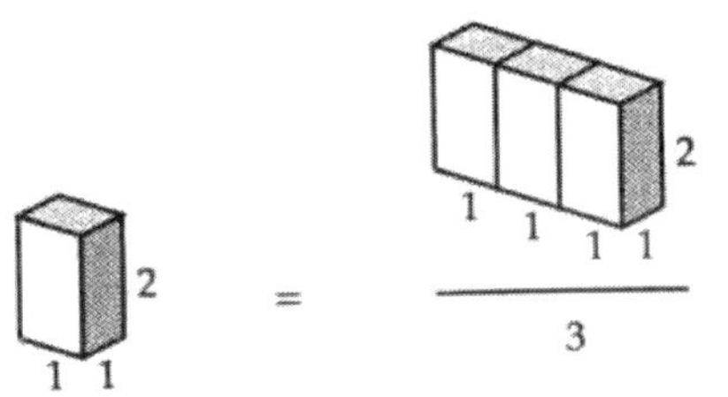

(ii)

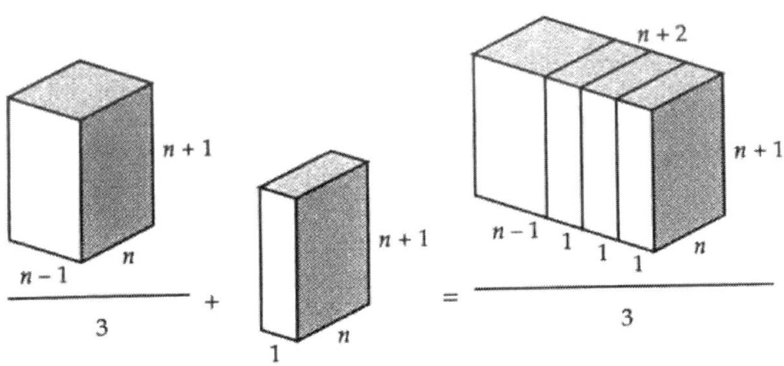

직사각수 II

– 시드니 쿵 (Sidney H. Kung)

$$3(1\cdot2+2\cdot3+3\cdot4+\cdots+n(n+1))=n(n+1)(n+2)$$

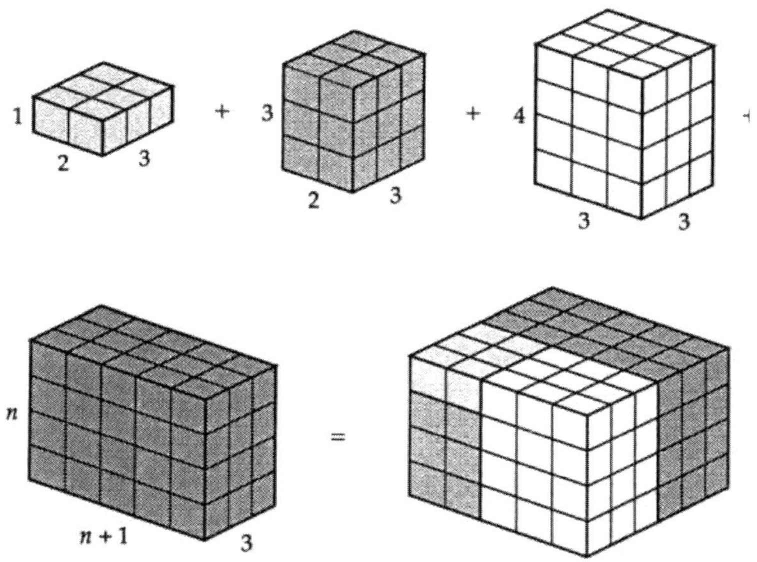

직사각수 III

– 알리 아미르-모에즈 (Ali R. Amir-Moez)

$$(1\times 2)+(2\times 3)+\cdots+(n-1)\times n=\frac{1}{3}[n^3-n]$$

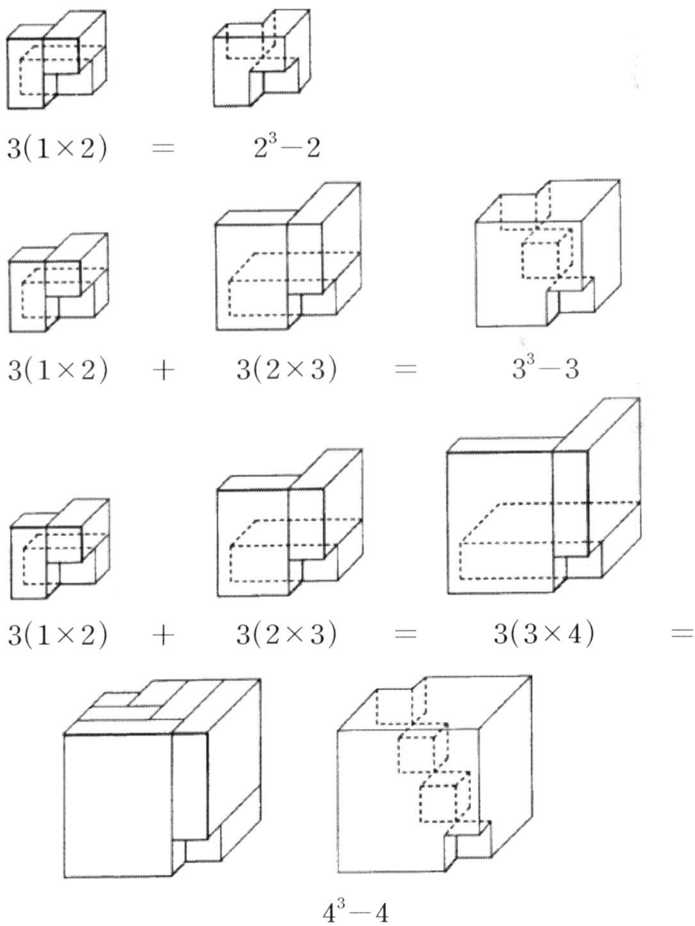

오각수의 합

– 윌리엄 밀러 (William A. Miller)

$$\frac{1\cdot 2}{2}+\frac{2\cdot 5}{2}+\frac{3\cdot 8}{2}+\cdots+\frac{n(3n-1)}{2}=\frac{n^2(n+1)}{2}$$

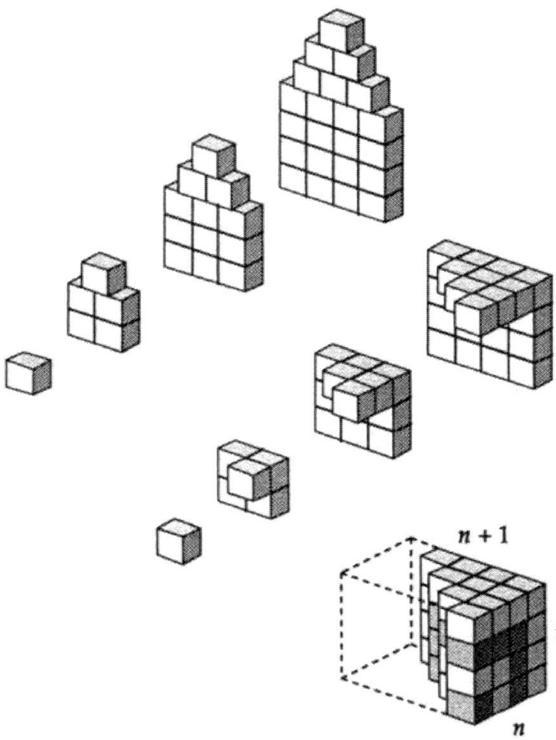

자연수의 합의 제곱

– 에드윈 란다우어 (Edwin G. Landauer)

$$T_n = 1 + 2 + y + n \Rightarrow$$

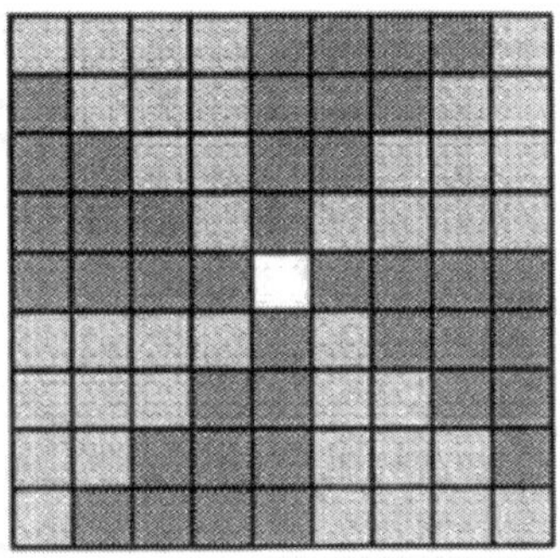

$$(2n+1)^2 = 8T_n + 1$$

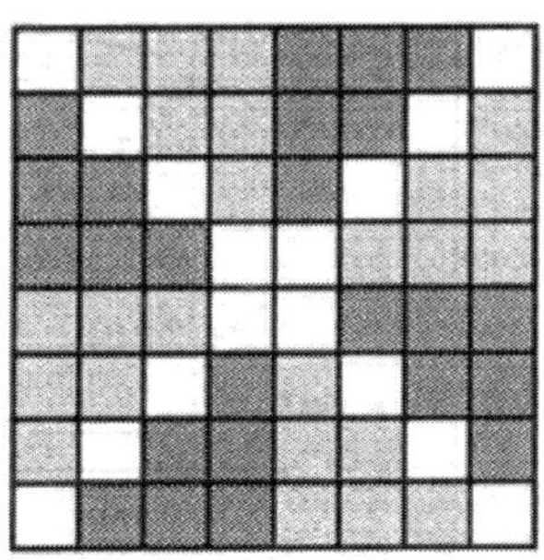

$$(2n)^2 = 8T_{n-1} + 4n$$

연속되는 자연수의 합

– 로저 넬센 (Roger B. Nelsen)

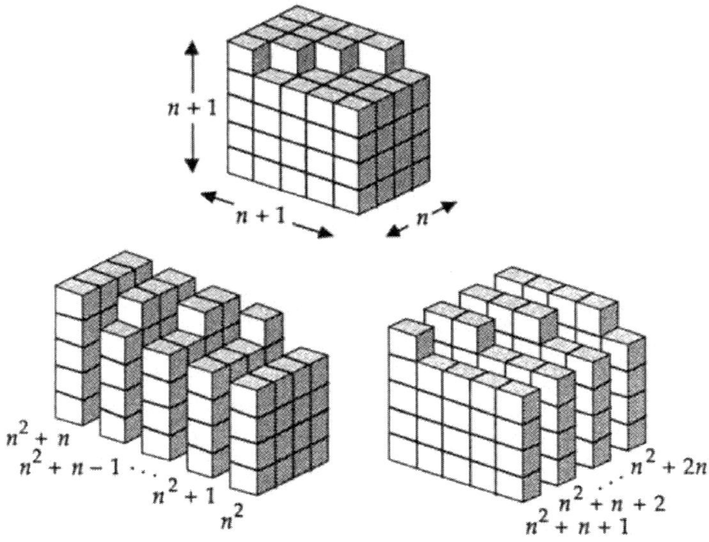

$$1+2=3$$

$$4+5+6=7+8$$

$$16+17+18+19+20=21+22+23+24$$

$$\vdots$$

$$n^2+(n^2+1)+\cdots+(n^2+n)=(n^2+n+1)+\cdots+(n^2+2n)$$

점의 개수

– 워렌 페이지 (Warren Page)

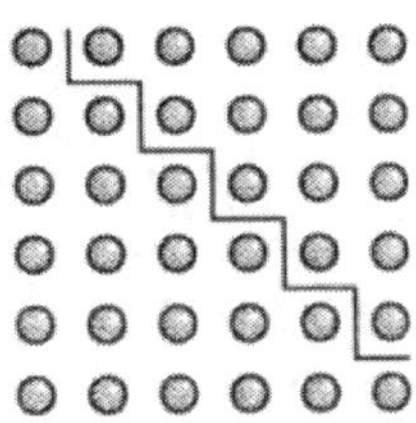

$$\sum_{k=1}^{n} k + \sum_{k=1}^{n-1} k = n^2$$

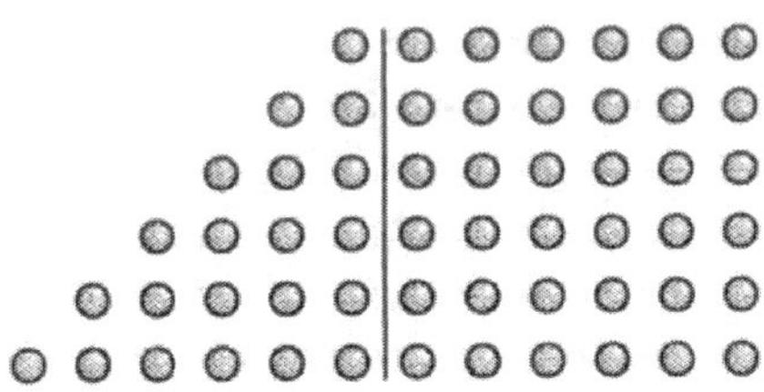

$$\sum_{k=1}^{n} k + n^2 = \sum_{kn+11}^{2n} k$$

삼각수 사이의 관계 I

$$T_n = 1 + 2 + \cdots + n \Rightarrow$$

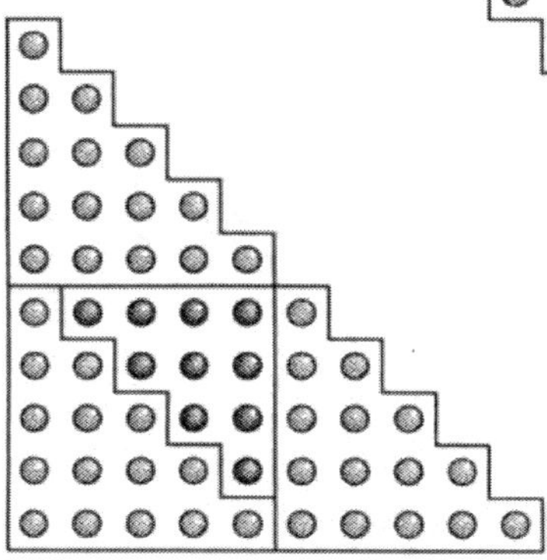

$3T_n + T_{n-1} = T_{2n}$

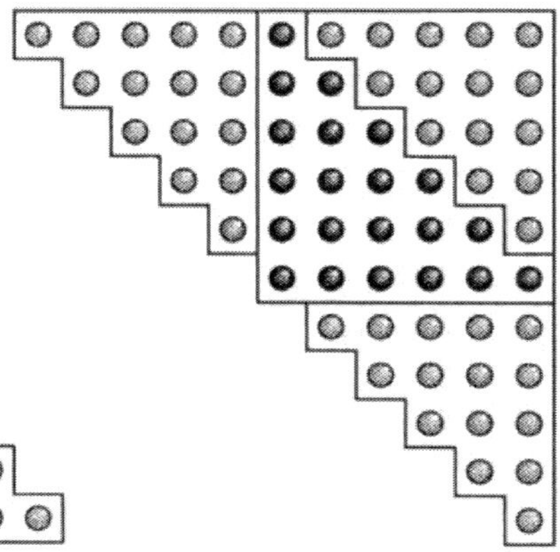

$3T_n + T_{n+1} = T_{2n+1}$

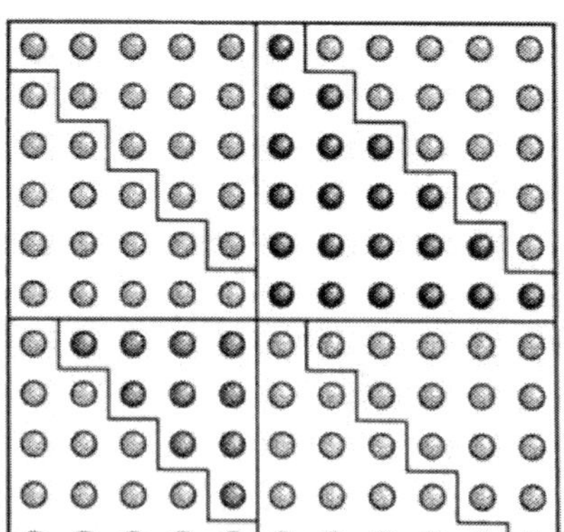

$$T_{n-1} + 6T_n + T^{n+1} = (2n+1)^2$$

삼각수 사이의 관계 II

– 로저 넬센 (Roger B. Nelsen)

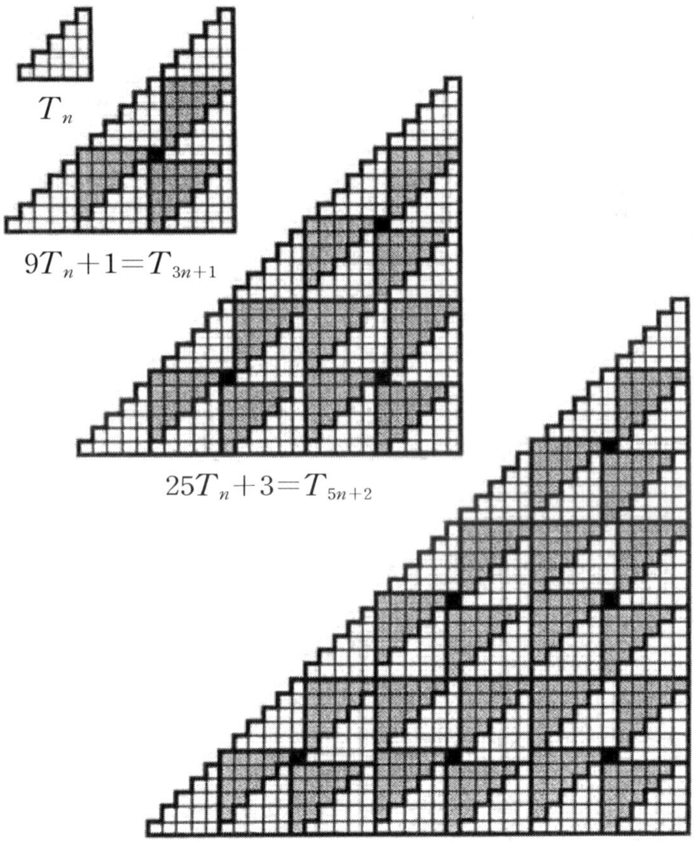

$$T_n=1+2+\cdots+n \Rightarrow (2k+1)^2T_n+T_k=T(2k+1)n+k$$

육각수는 삼각수다

$$\left.\begin{aligned} H_n &= 1+5+\cdots+(4n-3) \\ T_n &= 1+2+\cdots+n \end{aligned}\right\} \Rightarrow H_n = 3T_{n-1}+T_n = T_{2n-1} = n(2n-1)$$

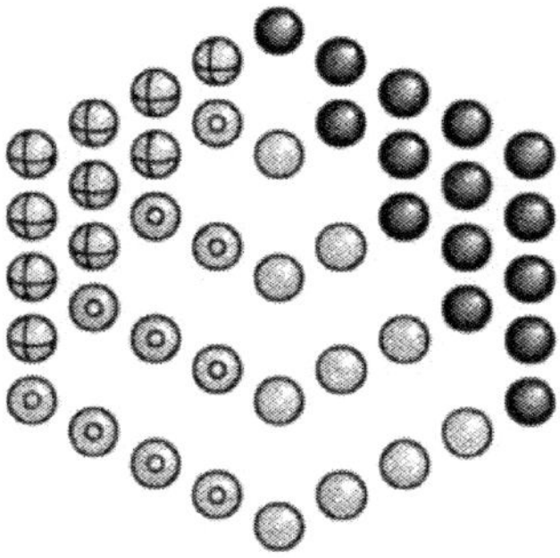

H_5

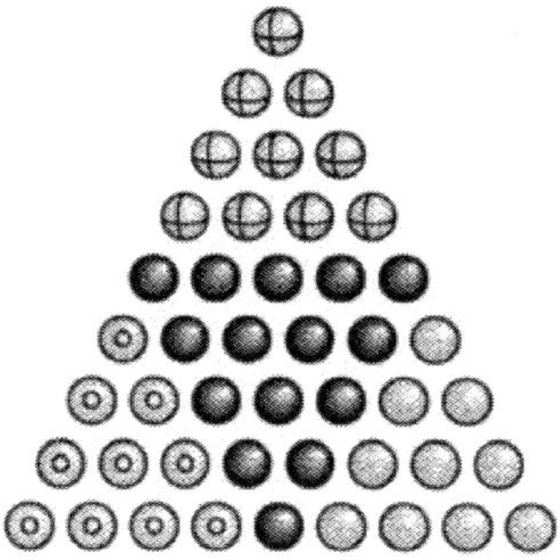

T_9

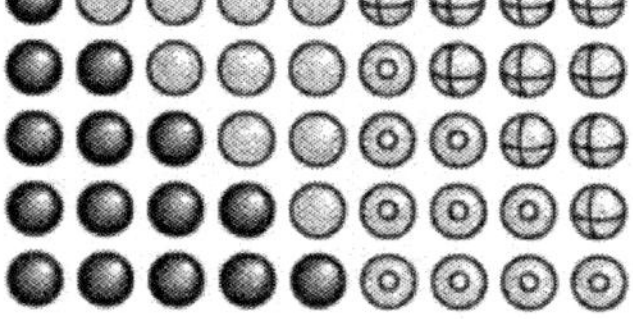

$5 \cdot 9$

홀수의 제곱의 합 (도미노 한 개=정사각형 두 개)

– 셜리 와킨 (Shirley Wakin)

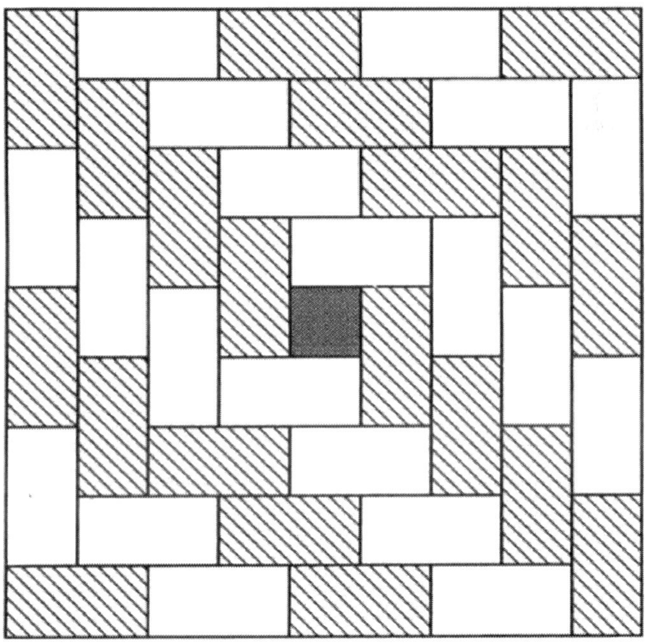

$$1+4\cdot 2+8\cdot 2+12\cdot 2+16\cdot 2=9^2$$

$$1+2\sum_{k=1}^{n}4k=(2n+1)^2$$

9의 거듭제곱의 합과 자연수의 합

– 로저 넬센 (Roger B. Nelsen)

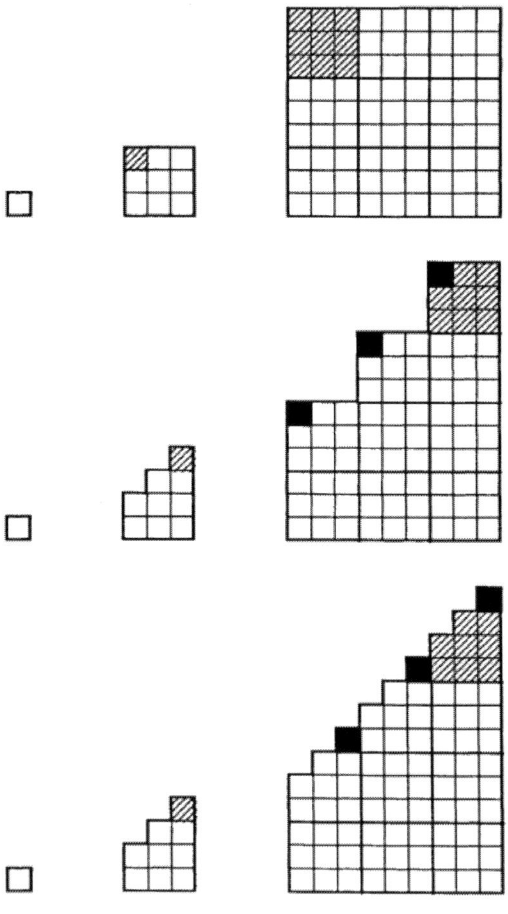

$$1+9+\cdots+9^n=1+2+3+\cdots+(1+3+\cdots+3^n)$$

육각수의 합은 세제곱수

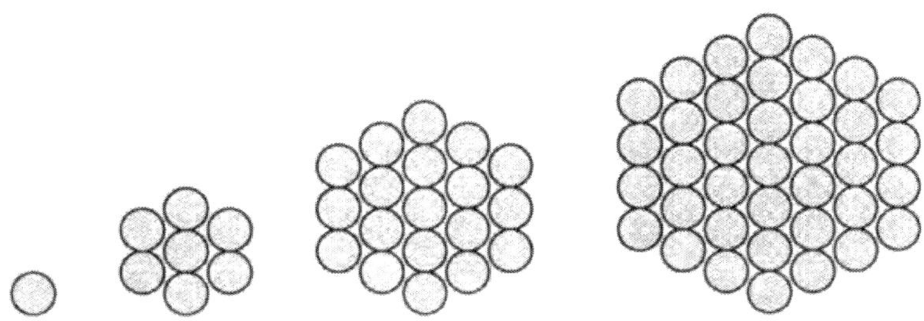

$h_1=1$ $h_2=7$ $h_3=19$ $h_4=37$

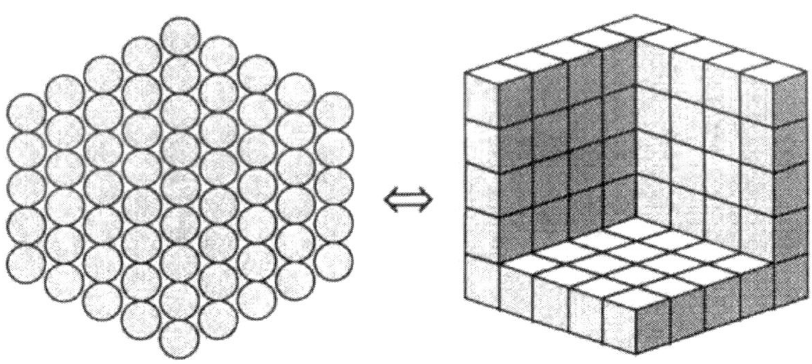

$$h_n=n^3-(n-1)^3$$

$$\therefore h_1+h_2+\cdots+hn=n^3$$

세제곱수는 연속하는 홀수의 합

– 로저 넬센 (Roger B. Nelsen)

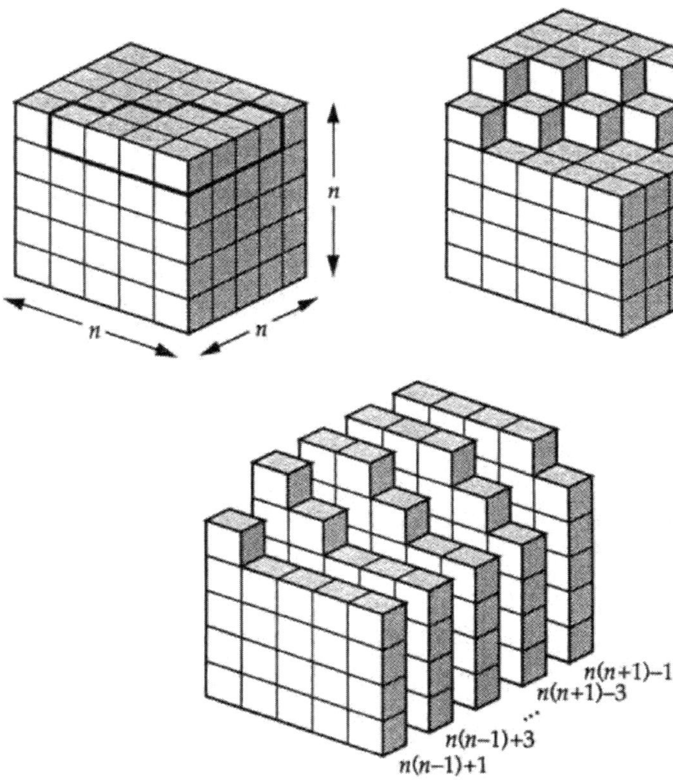

$1^3=1$

$2^3=3+5$

$3^3=7+9+11$

$\vdots$

$n^3=[n(n-1)+1]+\cdots+[n(n+1)-1]$

세제곱수를 등차수열의 합으로 나타내기

– 로버트 브론슨(Robert Bronson)과 크리스토퍼 브루에닝센(Christopher Brueningsen)

$$n^3 = \sum_{i=0}^{n-1} 2i(n+1)+1$$

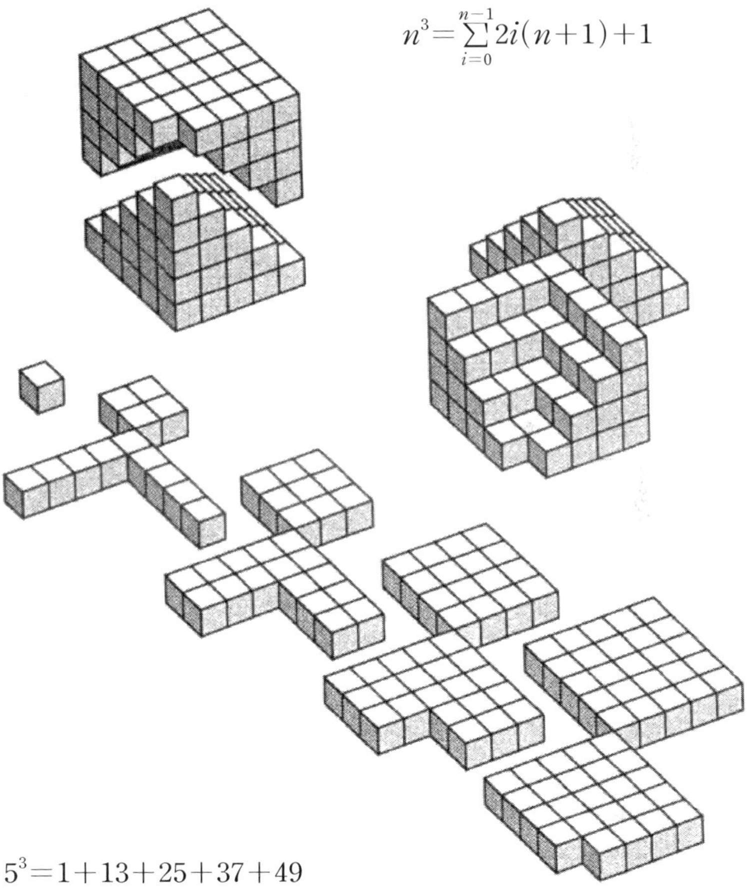

$$5^3 = 1+13+25+37+49$$

수열과 급수

Sequences & Series

홀수로 이뤄진 수열의 성질 (갈릴레오, 1615)

– 로저 넬센 (Roger B. Nelsen)

$$\frac{1}{3}=\frac{1+3}{5+7}=\frac{1+3+5}{7+9+11}=\cdots$$

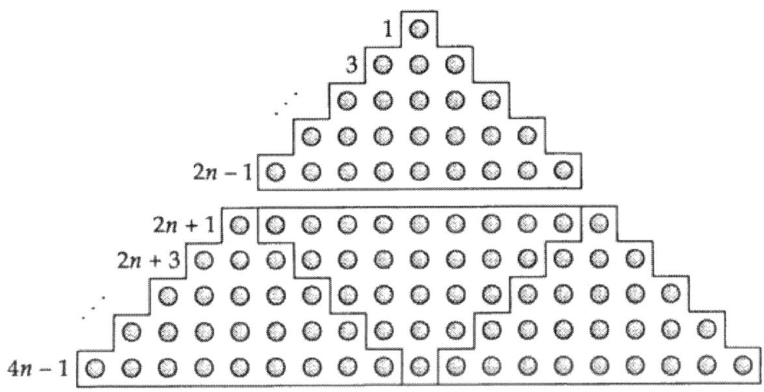

$$\frac{1+3+\cdots+(2n-1)}{(2n+1)+(2n+3)+\cdots+(4n-1)}=\frac{1}{3}$$

참고 문헌

S. Drake, 《갈릴레오 연구 Galileo Studies》, The University of Michigan Press, Ann Arbor, 1970, pp. 218~219.

e를 넘지 않는 단조 증가 수열

- 로저 넬센 (Roger B. Nelsen)

$$\forall n \geq 1,\ (1+\frac{1}{n})^n < (1+\frac{1}{n+1})^{n+1} < e$$

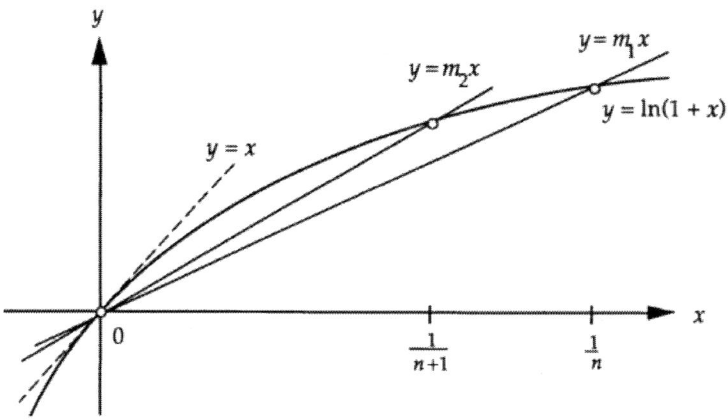

$$n \geq 1 \Rightarrow m_1 < m_2 < 1$$

$$\Rightarrow \frac{\ln(1+\frac{1}{n})}{\frac{1}{n}} < \frac{\ln(1+\frac{1}{n+1})}{\frac{1}{n+1}} < 1$$

$$\Rightarrow (1+\frac{1}{n})^n < (1+\frac{1}{n+1})^{n+1} < e$$

e를 나타내는 점화식

– 토마스 덴스 (Thomas P. Dence)

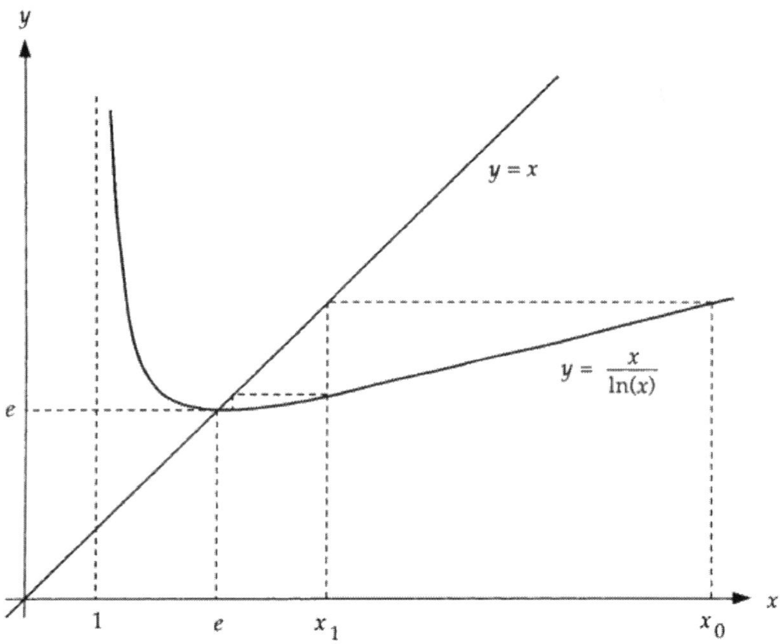

$$x_0 > 1,\ x_{n+1} = \frac{x_n}{\ln(x_n)} \Rightarrow \lim x_n = e$$

1이 되는 무한등비급수

– 워렌 페이지 (Warren Page)

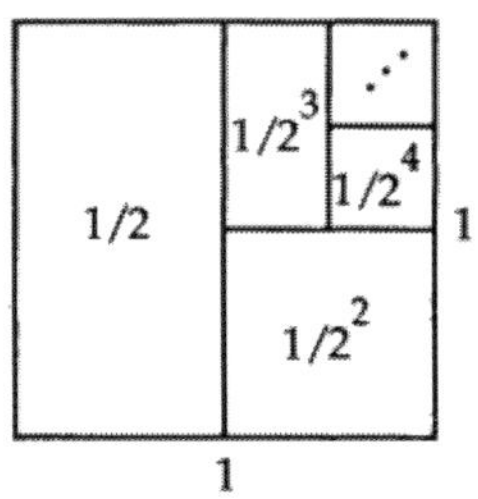

$$\frac{1}{2}+\frac{1}{4}+\frac{1}{8}+\cdots=1$$

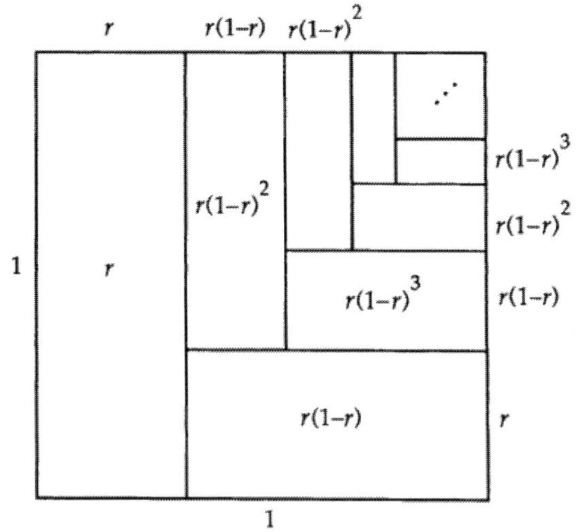

$$r+r(1-r)+r(1-r)^2+\cdots=1$$

무한등비급수 I

– J. H. 웹 (J.H.Webb)

$$\sum_{n=0}^{\infty} ar^n = \frac{a}{1-r}$$

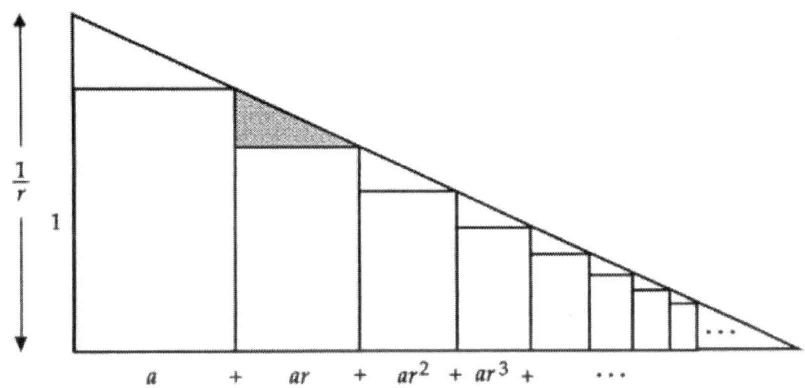

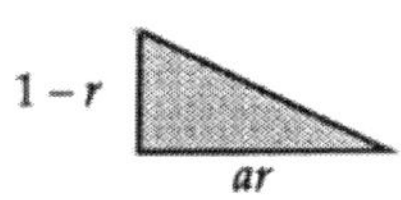

$$\frac{a+ar+ar^2+ar^3}{1/r} = \frac{ar}{1-r}$$

무한등비급수 II

– 벤자민 클라인(Benjamin G. Klein)과 얼 비븐스 (Irl C. Bivens)

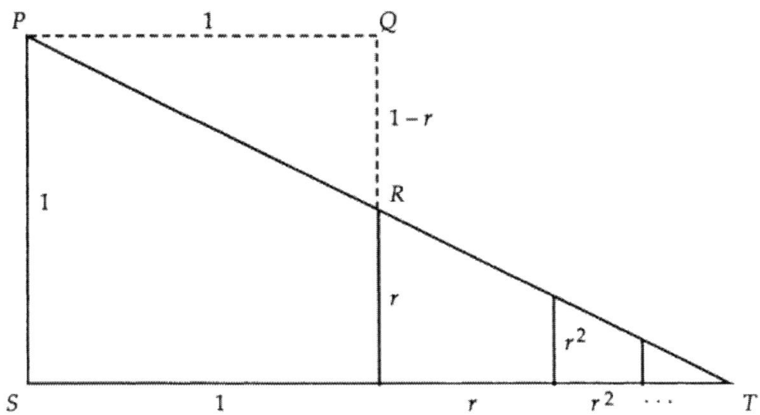

$$\triangle PQR = \triangle TSP$$

$$\therefore 1 + r + r^2 + \cdots = \frac{1}{1-r}$$

무한등비급수Ⅲ

– 선데이 아호세 (Sunday A. Ajose)

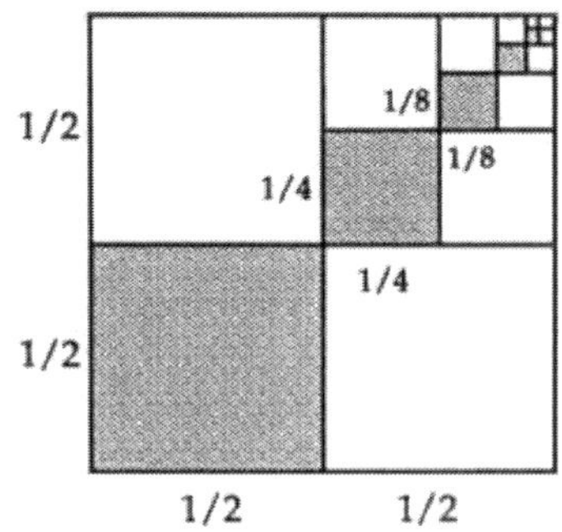

$$\frac{1}{4}+\frac{1}{16}+\frac{1}{64}+\frac{1}{256}+\cdots=\frac{1}{3}$$

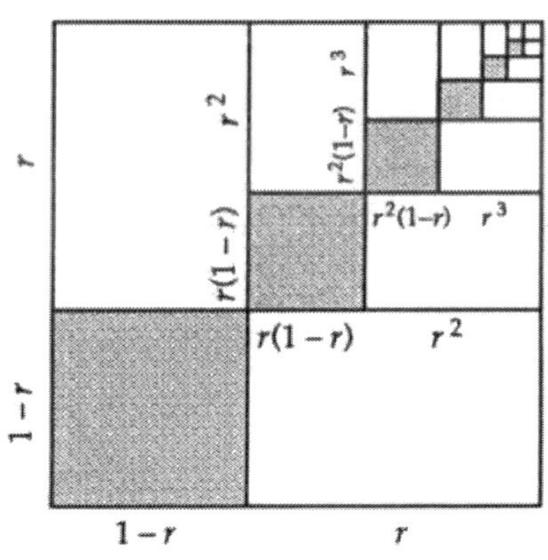

$$(1-r)^2+r^2(1-r)^2+r^4(1-r)^2+\cdots=\frac{(1-r)^2}{(1-r)^2+2r(1-r)}=\frac{1}{1+r}$$

$$1+r^2+r^4+\cdots=\frac{1}{1-r^2}$$

$$a+ar+ar^2+\cdots=\frac{a}{1-r}$$

무한등비급수Ⅳ

– 엘리자베스 마크험 (Elizabeth M. Markham)

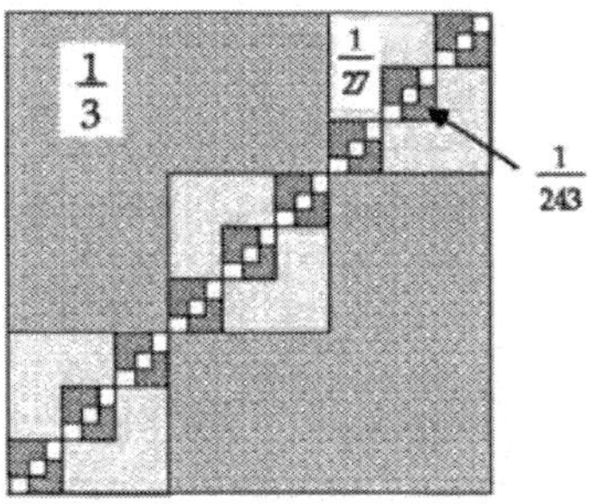

$$2\left(\frac{1}{3}+3\cdot\frac{1}{27}+9\cdot\frac{1}{243}+\cdots\right)=1$$

$$2\sum_{n=1}^{\infty}=\frac{1}{3^n}=1$$

$$\sum_{n=1}^{\infty}=\frac{1}{3^n}=\frac{1}{2}$$

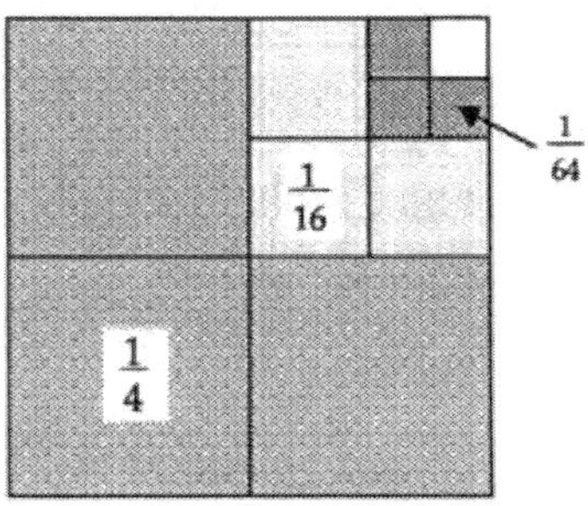

$$3\sum_{n=1}^{\infty}=\frac{1}{4^n}=1$$

$$\sum_{n=1}^{\infty}=\frac{1}{4^n}=\frac{1}{3}$$

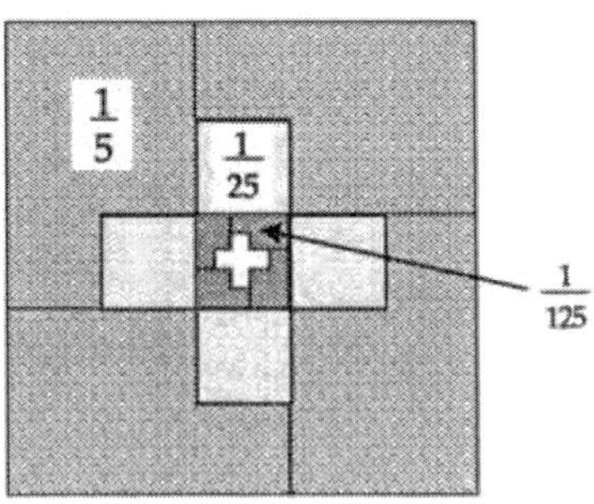

$$4\sum_{n=1}^{\infty}=\frac{1}{5^n}=1$$

$$\sum_{n=1}^{\infty}=\frac{1}{5^n}=\frac{1}{4}$$

가브리엘의 계단

– 스튜어트 스웨인 (Stuart G. Swain)

$$\sum_{k=1}^{\infty} kr^k = \frac{r}{(1-r)^2},\ 0<r<1$$

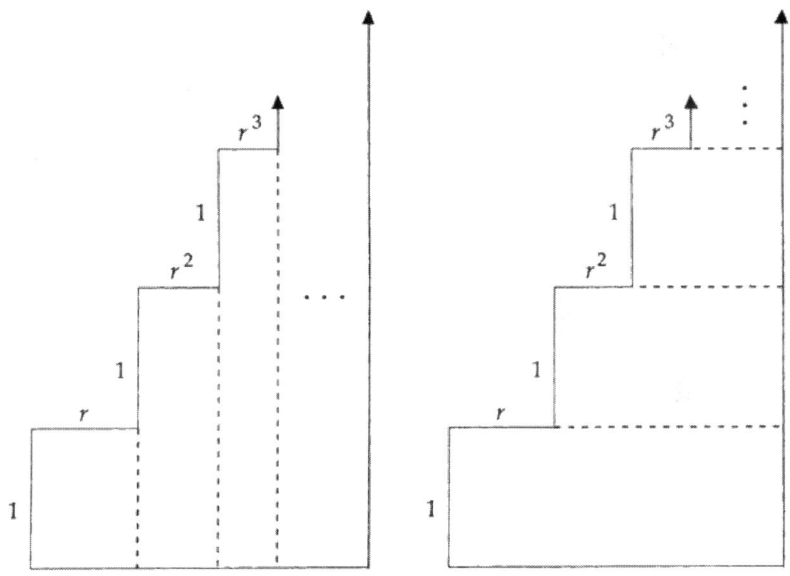

$$\sum_{k=1}^{\infty} kr^k = \sum_{k=1}^{\infty} \sum_{i=k}^{\infty} r^i = \frac{r}{(1-r)^2}$$

일반항을 미분한 무한등비급수

– 로저 넬센 (Roger B. Nelsen)

$$1+2\left(\frac{1}{2}\right)+3\left(\frac{1}{4}\right)+4\left(\frac{1}{8}\right)+\cdots=4$$

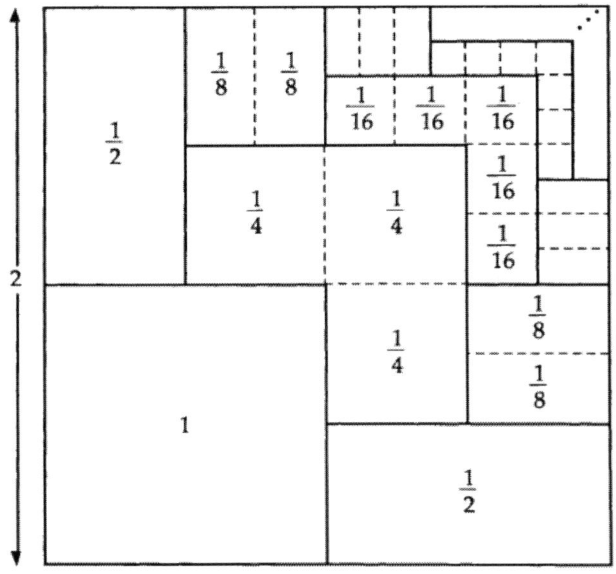

$$1+2r+3r^2+4r^3+\cdots=\left(\frac{1}{1-r}\right)^2,\ 0\leq r<1$$

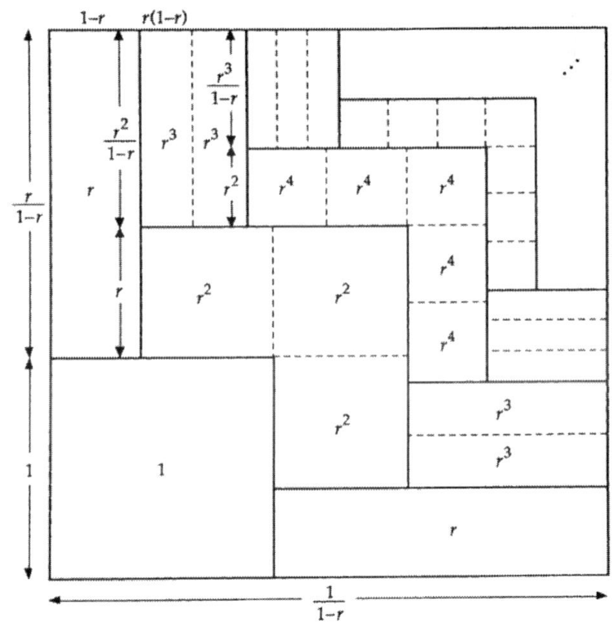

부분분수의 합

– 로먼 웡 (Roman W. Wong)

$$\frac{1}{1\cdot 2}+\frac{1}{2\cdot 3}+\cdots+\frac{1}{n(n+1)}=\frac{n}{n+1}$$

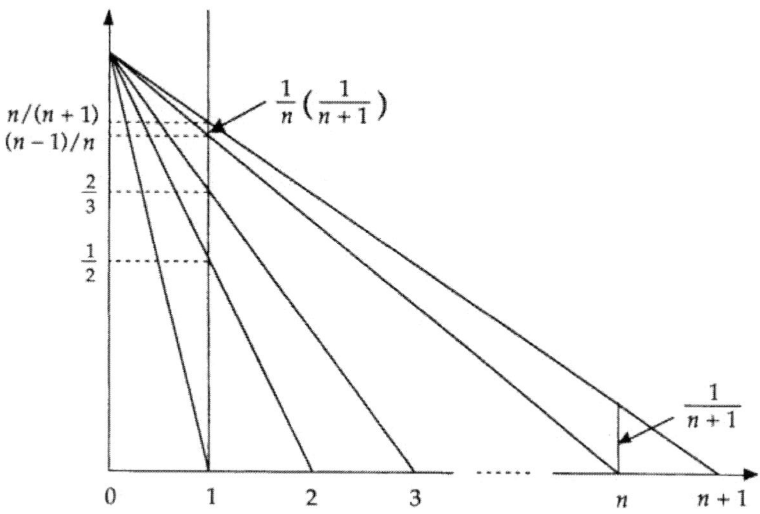

삼각수의 역수로 이뤄진 무한급수

– 로저 넬센 (Roger B. Nelsen)

$$\frac{1}{1}+\frac{1}{3}+\frac{1}{6}+\cdots+\frac{1}{\binom{n+1}{2}}+\cdots=2$$

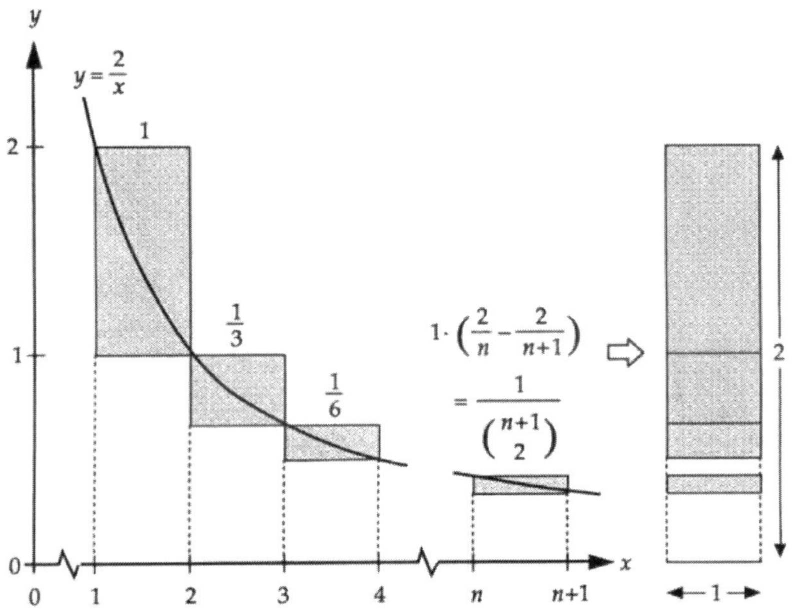

교대조화급수

– 마크 핀켈스테인 (Mark Finkelstein)

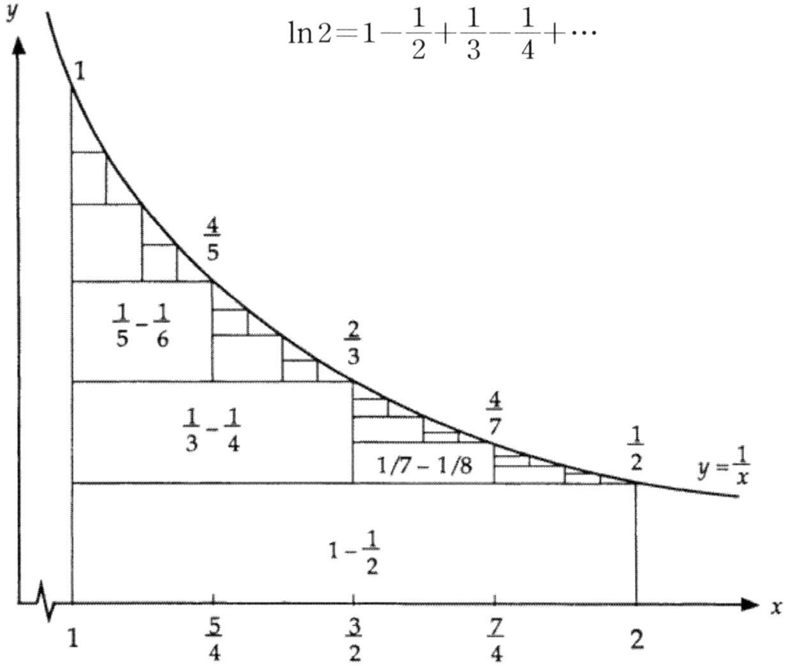

$$\frac{1}{2}\left(\frac{2}{3}-\frac{2}{4}\right)=\frac{1}{3}-\frac{1}{4};$$

$$\frac{1}{4}\left(\frac{4}{5}-\frac{4}{6}\right)=\frac{1}{5}-\frac{1}{6},\ \frac{1}{4}\left(\frac{4}{7}-\frac{4}{8}\right)=\frac{1}{7}-\frac{1}{8};$$

$$\frac{1}{2^n}\left(\frac{2^n}{2^n+2k-1}-\frac{2^n}{2^n+2k}\right)=\frac{1}{2^n+2k-1}-\frac{1}{2^n+2k},\quad \begin{array}{l} k=1,\ 2,\ \cdots,\ 2^{n-1} \\ n=1,\ 2,\ \cdots. \end{array}$$

$$\ln 2=\int_1^2 \frac{dx}{x}=\left(1-\frac{1}{2}\right)+\left(\frac{1}{3}-\frac{1}{4}\right)+\cdots=1-\frac{1}{2}+\frac{1}{3}-\frac{1}{4}+\cdots$$

$\sin(2n+1)\theta$의 성질

– 크리스 피셔(J.Chris Fisher)와 E.L.코(E.L.Koh)

$$\sin(2n+1)\theta = \sin\theta + 2\sin\theta\sum_{k=1}^{n}\cos 2k\theta$$

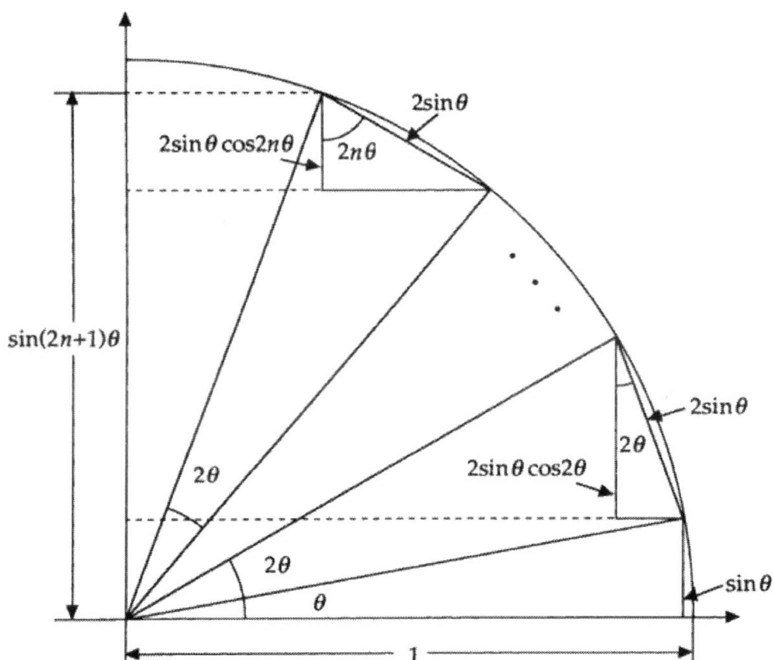

아크탄젠트 공식과 무한급수

– 로저 넬센 (Roger B. Nelsen)

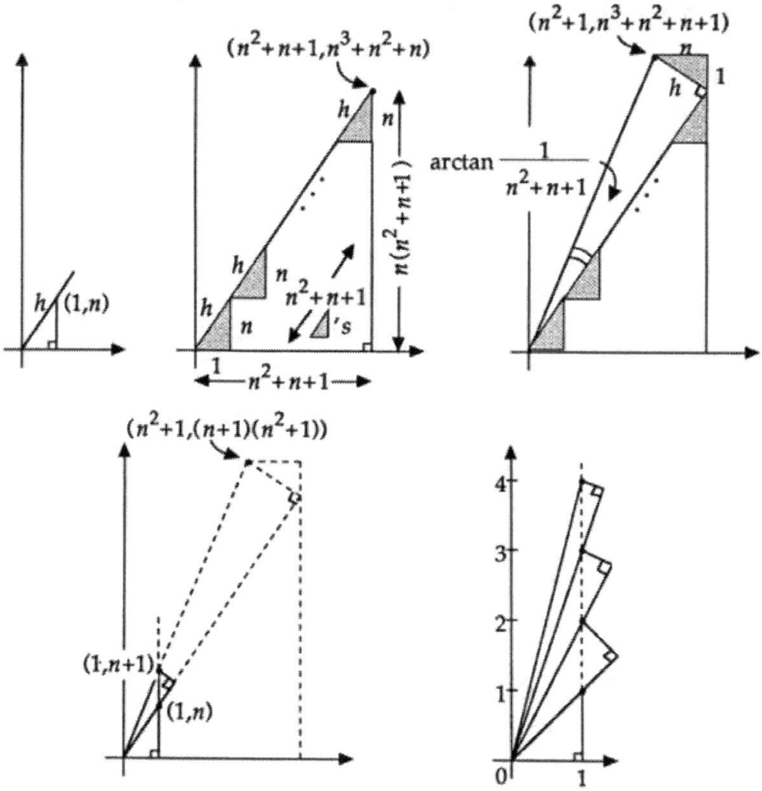

$$\arctan n+\arctan\frac{1}{n^2+n+1}=\mathrm{arttan}(n+1)$$

$$\arctan\frac{1}{n^2+n+1}=\mathrm{arttan}(n+1)-\arctan n$$

$$\sum_{k=0}^{\infty}\arctan\frac{1}{n^2+n+1}=\lim_{N\to\infty}\arctan(N+1)=\frac{\pi}{2}$$

기타

Miscellaneous

2×2 행렬식으로 평행사변형의 넓이 구하기

– 솔로몬 골롬 (Solomon W. Golomb)

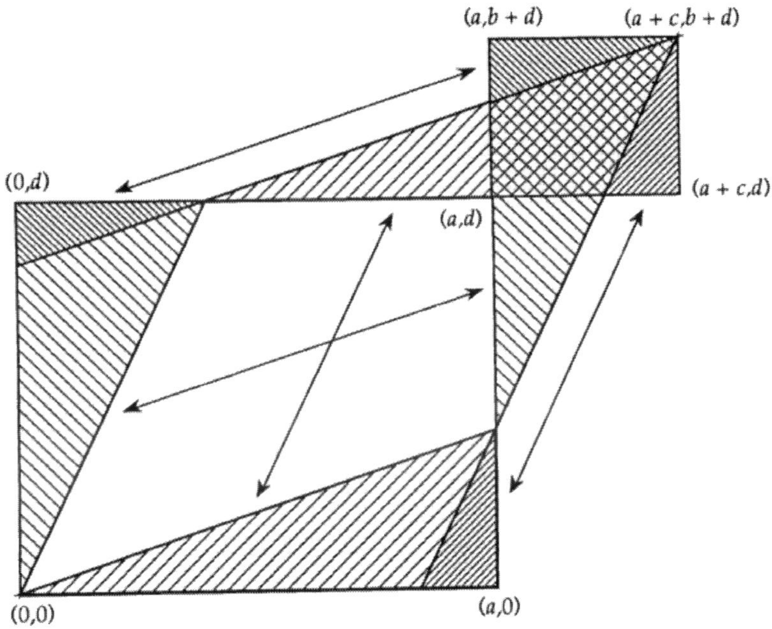

$\begin{vmatrix} a & b \\ c & d \end{vmatrix} = ad - bc =$ 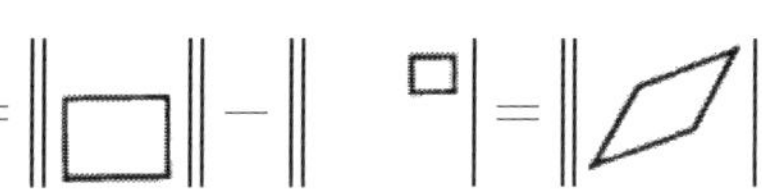

벡터 $\langle a, b\rangle$와 $\langle c, d\rangle$로 이뤄진 평행사변형의 넓이 구하기

– 이난 데이비드 가우 (Yihnan David Gau)

$$\pm\begin{vmatrix} a & b \\ c & d \end{vmatrix} = \pm(ad-bc)$$

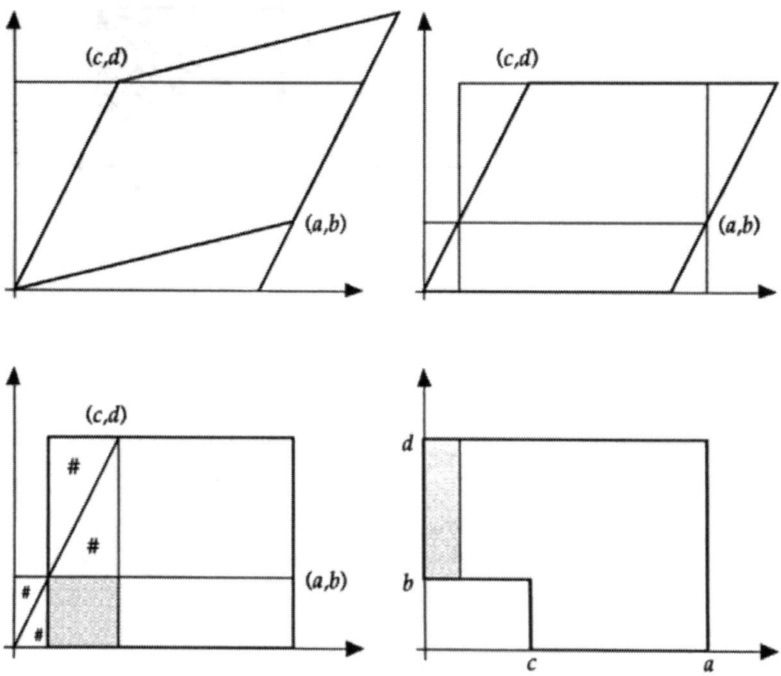

행렬 AB와 BA의 특성다항식은 같다

– 시드니 쿵 (Sidney H. Kung)

$$-\lambda^n|AB-\lambda I|$$

$$=\left|\begin{pmatrix} A & BA-\lambda I \\ \lambda I & 0 \end{pmatrix}\right| = \left|\begin{pmatrix} A & I \\ \lambda I & B \end{pmatrix}\begin{pmatrix} I & B \\ 0 & -\lambda \mathrm{I} \end{pmatrix}\right| = \begin{vmatrix} A & I \\ \lambda I & B \end{vmatrix}(-\lambda)^n$$

$$-\lambda^n|BA-\lambda I|$$

$$=\left|\begin{pmatrix} 0 & \lambda I \\ BA-\lambda I & \lambda B \end{pmatrix}\right| = \left|\begin{pmatrix} A & I \\ \lambda I & B \end{pmatrix}\begin{pmatrix} -I & 0 \\ A & \lambda \mathrm{I} \end{pmatrix}\right| = \begin{vmatrix} A & B \\ \lambda I & I \end{vmatrix}(-\lambda)^n$$

가우스 구적법과 사다리꼴의 넓이

– 마이크 애커만 (Mike Akerman)

$$\frac{1}{2}(b-a)(f(\overline{a})+f(\overline{b}))=\frac{1}{2}(b-a)(h(a)+h(b))$$

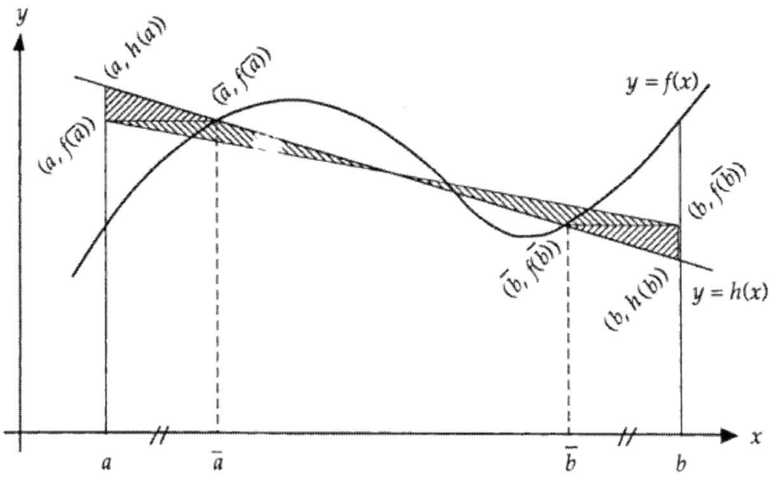

서로 공격하지 않는 퀸이 최대한 배열된 무한히 큰 체스판을 귀납적으로 만들기

– 딘 클라크 (Dean S. Clark) 와 오베드 시샤 (Oved Shisha)

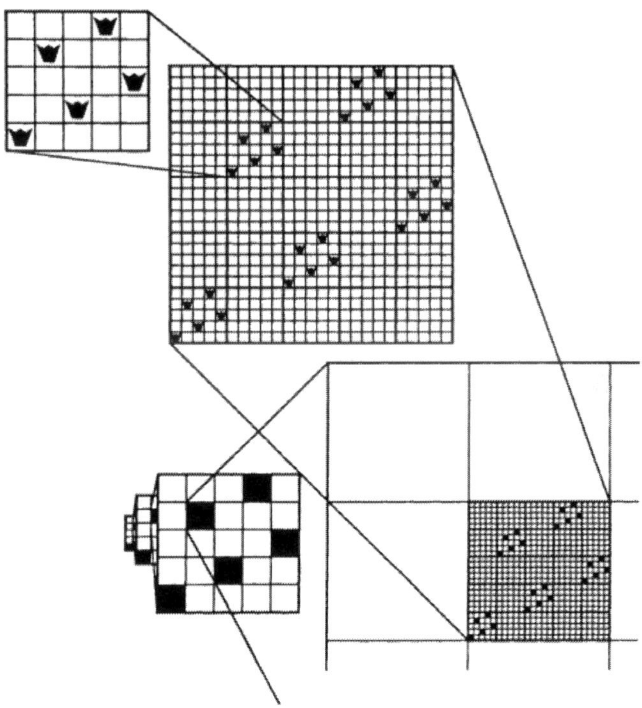

조합 공식 두 가지

– 제임스 칠라카 (James O. Chilaka)

$$\binom{n}{2}=\frac{1}{2}(n^2-n)=\sum_{i=1}^{n-1} i$$

$$\binom{n+1}{2}=\binom{n}{2}+n$$

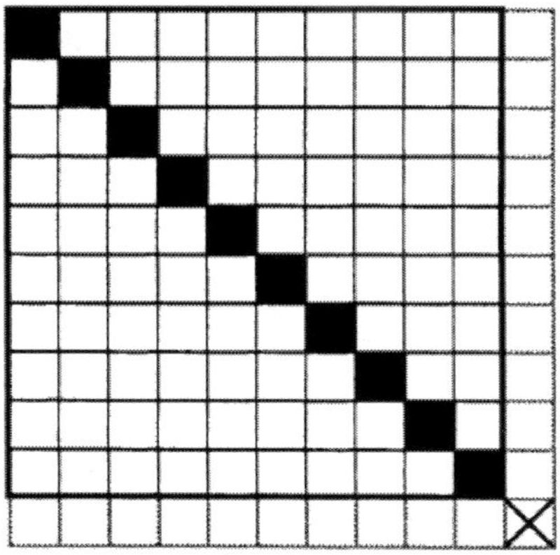

$$3\sum_{j=0}^{n}\binom{3n}{3j}=8^n+2(-1)^n$$

파스칼 삼각형에서 포함 – 배제 원리를 이용

– 딘 클라크 (Dean S. Clark)

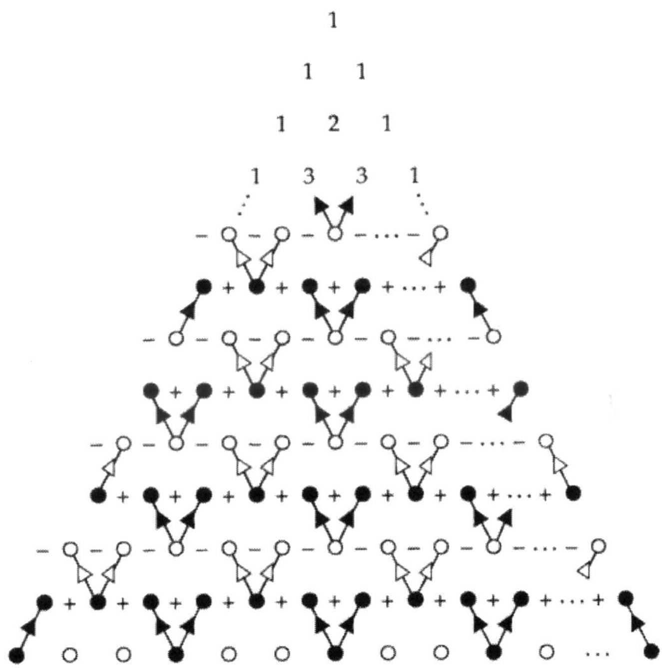

$$\sum_{j=0}^{n}\binom{3n}{3j}=\sum_{j=1}^{3n-1}(-1)^{j-1}2^{3n-j}=-2^{3n}\sum_{j=1}^{3n-1}\left(-\frac{1}{2}\right)^j=\frac{8^n+2(-1)^n}{3}$$

원시 피타고라스 수는 무한히 많다

– 찰스 반덴 아인덴 (Charles Vanden Eynden)

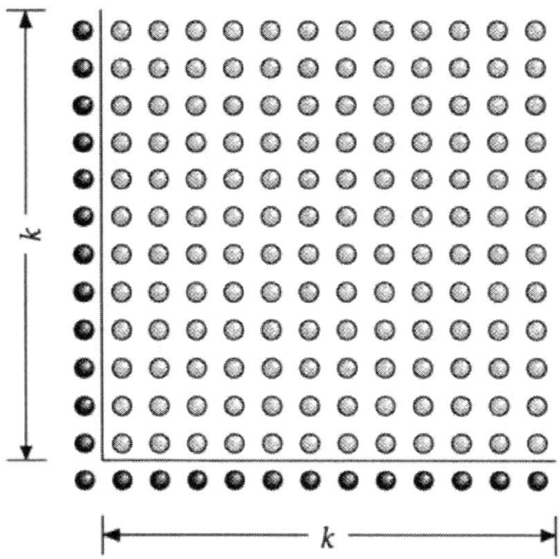

$$n^2=2k+1 \Rightarrow k^2+n^2=(k+1)^2,\ (k,\ k+1)=1$$

배각 공식으로 피타고라스 수 만들기

– 데이비드 휴스턴 (David Houston)

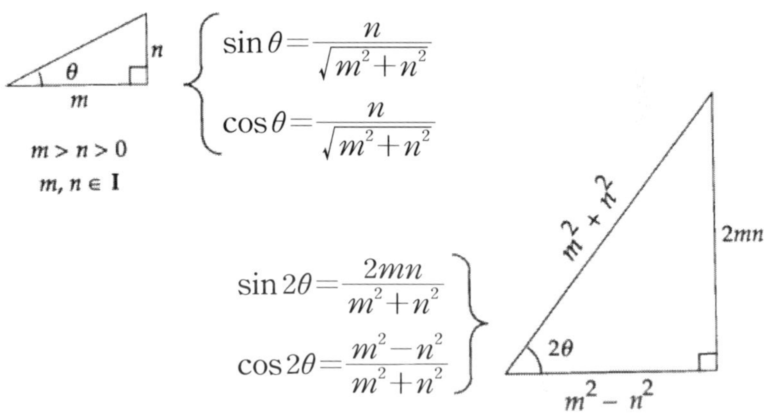

깔리송에 대한 문제

– 가이 데이비드 (Guy David)과 카를로스 토메이 (Carlos Tomei)

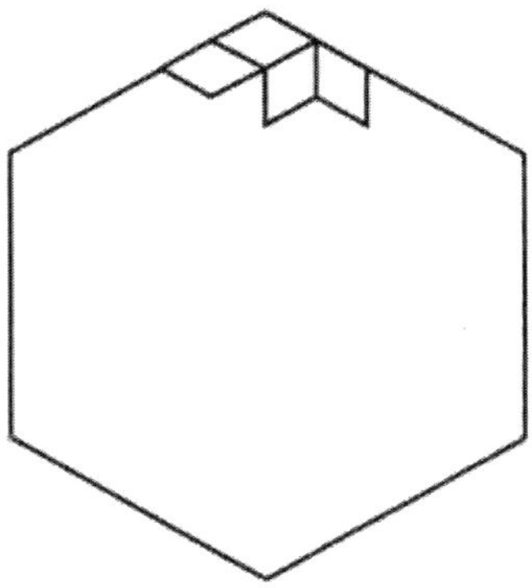

깔리송(calisson)은 프랑스 과자인데 정삼각형 두 개가 이어져 있는 모양새입니다. 육각형 모양의 상자에 담을 수 있기에 조합론에서 재미있는 문제의 소재가 되기도 합니다.

한 변의 길이가 n인 정육각형 모양 상자에 한 변의 길이가 1인 깔리송을 담아서 채운다고 생각해 봅시다. 이때 깔리송의 대각선 중 짧은 쪽이 상자의 한 변에 평행하게 놓습니다. 이 경우 깔리송 하나를 놓는 방법은 세 가지가 있는데, 이를 세 가지 방향이라고 하겠습니다.

정리: 박스를 어떻게 채우든 특정한 방향으로 놓인 깔리송의 개수는 전체의 1/3이다.

증명:

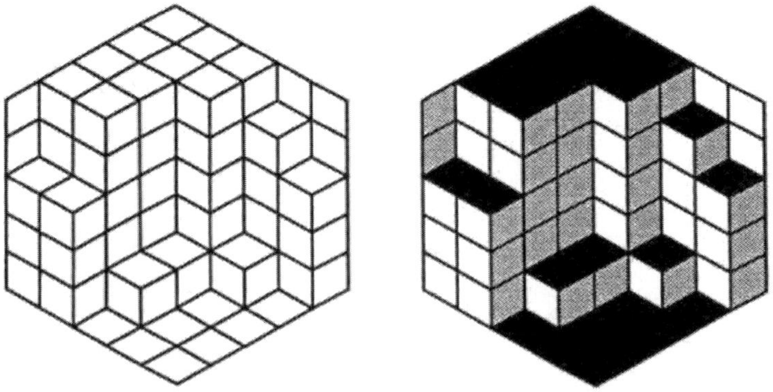

점화식

– 셜리 와킨 (Shirley Wakin)

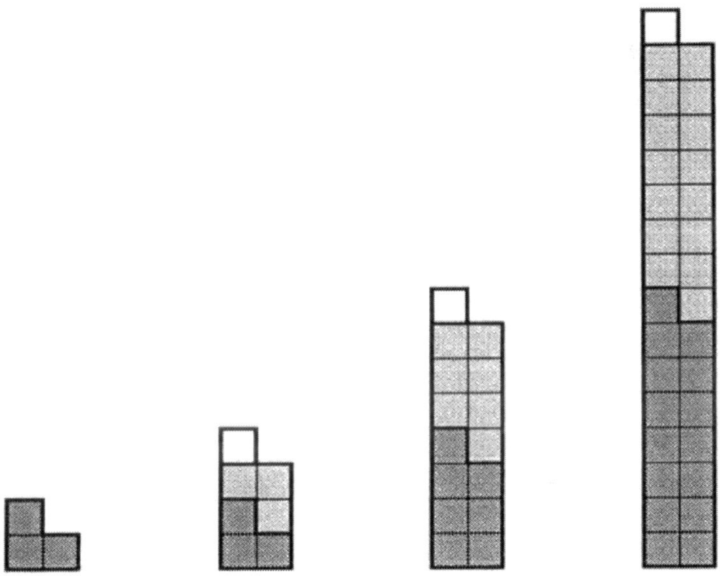

$A_2=3$ $A_3=2A_2+1$ $A_4=2A_3+1$ $A_4=2A_4+1$

$$A^2=3,\ A^n=2A_{n-1}+1 \Longleftrightarrow A_n=2(2^{n-1})-1=2^n-1$$

$$\prod_{k=1}^{n} k^k \cdot k! = (n!)^{n+1}$$

– 에드워드 왕 (Edward T. H. Wang)

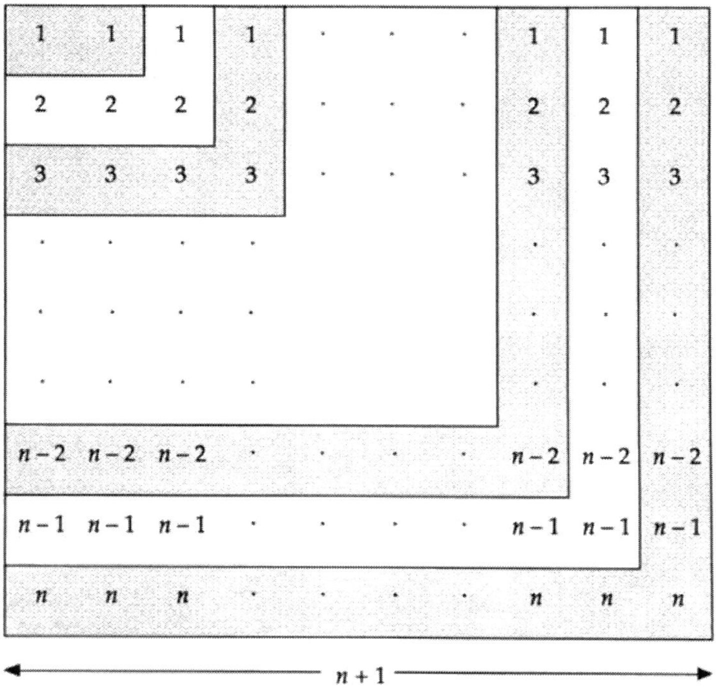

참고문헌

기하와 대수(Geometry & Algebra)

11 Howard Eves, Great Moments in Mathematics (Before 1650), The Mathematical Associati에 of America, Washington, 1980, pp. 27–28.

12 Howard Eves, Great Moments in Mathematics (Before 1650), The Mathematical Association of America, Washington, 1980, pp. 29–32.

13 Howard Eves, Great Moments in Mathematics (Before 1650), The Mathematical Association of America, Washington, 1980, pp. 31, 33.

14 Howard Eves, Great Moments in Mathematics (Before 1650), The Mathematical Association of America, Washington, 1980, pp. 29~30.

15 Howard Eves, Great Moments in Mathematics (Before 1650), The Mathematical Association of America, Washington, 1980, pp. 34–36.

16 College Mathematics Journal, vol. 17, no. 5 (Nov. 1986), p. 422.

17 College Mathematics Journal, vol. 20, no. 1 (Jan. 1989), p. 58.

18 Mathematics Magazine, vol. 50, no. 3 (May. 1977), p. 162.

19 Mathematics Magazine, vol. 48, no. 4 (Sept.–Oct. 1975), p. 198.

20 College Mathematics Journal, vol. 21, no. 5 (Nov. 1990), p. 393.

21 Mathematics Magazine, vol. 67, no. 5 (Dec. 1994), p. 354.

22 College MathemaGcs Journal, vol. 17, no. 4 (Sept. 1986), p. 338.

23 Mathematics Magazine, vol, 62, no. 3 (June 1989), p. 190.

24 College Mathematics Journal, vol. 22, no. 5 (Nov. 1991), p. 420.

25 Mathematics Magazine, vol. 66, no. 1 (Feb. 1993), p. 13.

26 Mathematics Magazine, vol. 65, no. 5 (Dec. 1992), p. 356.

27 Mathematics Magazine, vol. 56, no. 2 (March 1983), p. 11이

28 Mathematics Magazine, vol. 57, no. 4 (Sept. 1984), p. 231.

29 Mathematics Magazine, vol. 64, no. 2 (April 1991), p. 138.

30 Mathematics Magazine, vol. 66, no. 3 (June 1993), p. 180.

31 Mathematics Magazine, vol. 64, no. 2 (April 1991), p. 144.

32 Mathematics Magazine, vol. 68, no. 2 (April 1995), p. 109.

33 Mathematics Magazine, vol. 67, no. 4 (Oct. 1994), p. 302.

삼각함수, 미적분, 해석기하(Trigonometry, Calculus & Analytic Geometry)

37 Mathematics Magazine, vol. 64, no. 2 (April 1991), p. 97.

38 Mathematics Magazine, vol. 62, no. 5 (April 1989), p. 317.
39 Mathematics Magazine, vol. 61, no. 4 (April 1988), p. 259.
40 Mathematics Magazine, vol. 63, no. 5 (April 1990), p. 342,
41 Mathematics Magazine, vol. 64, no, 2 (April 1992), p. 103.
42 College Mathematics Journal, vol. 20, no. 1 (Jan. 1989), p. 51.
43 American Mathematical Monthly, vol. 49, no. 5 (May 1942), p. 325.
44 Mathematics Magazine, vol. 6l, no. 5 (Dec. 1988), p. 281.
45 Mathematics Magazine, vol. 6l, no. 2 (April 1988), p.113.
46 Mathematics Magazine, vol. 62, no. 4 (Oct. 1989), p.267.
47 College Mathematics Journal, vol. 18, no, 2 (March 1987), p. 141.
48 Mathematics Magazine, vol. 42, no. 1 (Jan.-Feb. 1969), p. 40-41.
49 College Mathematics Journal, vol, 16, no. 1 (Jan. 1985) p. 56.
50 Richard Courant, Differential and Integral Calculus, p. 219, copyright ©1937, Interscience. Reprinted by permission ofjolin Wiley & Sons, Inc.
51 College Mathematics Journal, vol. 18, no. 1 (Jan. 1987), p, 52.
52 Mathematics Magazine, vol. 64, no. 3 (June 1991), p. 175.
53 Mathematics Magazine, vol. 66, no. 1 (Feb. 1993), p. 39

부등식(Inequalities)

57 Mathematics Magazine, vol. 50, no. 2 (March 1977), p. 93
58 Mathematics Magazine, vol. 59, no. 1 (Feb. 1986), p 11
59 College Mathematics Journal, vol. 16, no. 3 (June 1985), p. 208.
60 College Mathematics Journal, vol. 19, no. 4 (Sept. 1988), p. 347.
61 Mathematics Magazine, vol. 60, no. 3 (June 1987), p. 158
62 CoUege Mathematics Journal, vol. 21, no. 3 (May 1990), p. 227
63 CoUege Matliematics Journal, vol. 20, no. 3 (May 1989), p. 231.
64 Mathematics Magazine, vol. 的, no. 1(Feb,1996), p. 64.
66 Mathematics Magazine, vol. 60, no. 3(June1987), p. 165.
67 Mathematics Magazine, vol. 64, no. 1 (Feb.1991), p. 31
68 Mathematics Magazine, vol. 63, no. 3(June1990), p. 172.
69 Ⅰ. Reprinted by permission from Mathematics Teacher, vol. 81, no. 1 (Jan. 1988), p. 63, author Li Changming, copyright ©1988 by the Nati에al Council of Teachers of Mathematics, Inc.
Ⅱ. Mathematics Magazine, vol. 67, no. 1 (Feb. 199쉬, p, 34.
70 Matliematics Magazine, vol. 67, no. 5 (Dec. 1994), p. 374.
71 Mathematics Magazine, vol. 66, no. 1 (Feb, 1993), p. 65.
72 Matliematics Magazine, vol. 67, no. 1 (Feb, 1994), p. 20.
73 Mathematics Magazine, in press.

74 College Mathematics Journal, vol. 24, no. 2 (March 1993), p. 165.

자연수의 합(Integer Sums)

77 Scientific American, vol. 229, no. 4 (Oct. 1973), p. 114.
78 Mathematics Magazine, vol. 57, no. 2 (March 1984), p. 104.
79 Reprinted by permission from Historical Topics for the Mathematics Classroom, p. 54, author Bernard H. Gundlach, copyright ©1969 by the National CouncU of Teachers of Mathematics, Inc.
81 Mathematics Magazine, vol. 64, no. 2 (April 1991), p. 103.
82 Scientific American, vol. 229, no. 4 (Oct. 1973), p. 115.
83 Mathematics Magazine, vol. 66, no. 3 (June 1993), p. 166.
84 Mathematics Magazine, vol. 59, no. 2 (April 1986), p. 92.
85 Mathematics Magazinet vol. 57, no. 2 (March 1984), p. 92.
86 Scientific American, vol. 229, no. 4 (Oct. 1973), p. 115.
CoDege Mathematics Journal, vol. 22, no. 2 (March 1991), p. 124.
87 College Mathematics Journal, vol. 20, no. 3 (May 1989), p. 205.
88 Mathematics Magazine, vol. 56, no. 2 (March 1983), p. 90.
89 College Mathematics Journal, vol. 20t no. 2 (March 1989), p. 123.
90 Ⅰ Mathemaics Magazine, vol. 60, no. 5 (April 1987), p. 291.
Ⅱ Mathemaics Magazine, vol. 65, no. 2 (April 1992), p. 90.
91 M, Bicknell & V. E. Hoggatt, Jr. (eds.), A primer for the Fibonacci Numbers, The Fibonacci Association, San Jose, 1972, p. 147.
92 Mathematical Gazette, vol. 49, no. 368 (May 1965), p. 199.
93 Mathematics Magazine, vol. 50, no. 2 (March 1977), p. 74.
94 Mathematics Magazine, vol. 58, no. 1 (Jan 1985), p. 11.
95 Mathematics Magazine, vol. 62, no. 4 (Oct 1989), p. 259.
Mathematical Gazette, vol. 49, no. 368 (May 1965), p. 200.
96 Mathematics Magazine, vol. 63, no. 3 (June 1990), p. 178.
97 Mathematics Magazine, vol. 62, no. 5 (Dec 1989), p. 323.
98 Mathematics Magazine, vol. 65, no. 3 (June 1992), p. 185.
99 Mathematics Magazine, vol. 68, no. 5 (Den 1995), p. 371.
100 Mathematics Magazine, vol. 65, no. 1 (Feb 1992), p. 55.
101 Mathematics Magazine, vol. 66, no. 5 (Dec 1993), p. 329.
102 Mathematics Magazine, vol. 63, no. 5 (Dec 1990), p. 314.
103 College Mathematics Joumal, vol. 23, no. 5 (Nov. 1992), p. 417.
104 Richard K. Guy, written communication,
105 Mathematics Magazine, vol. 62, no. 1 (Feb 1989), p. 27.
106 Mathematics Magazine, vol. 62, no. 2 (April 1989), p. 96.

107 College Mathematics Joumal, vol. 18, no. 4 (Sept. 1987), p. 318.
108 Mathematics Magazine, vol. 66, no. 5 (Dec 1993), p. 325.
109 Mathematics Magazine, vol. 58, no. 4 (Sept 1985), p. 203, 236.
110 Mathematics Magazine, vol. 63, no. 1 (Feb 1990), p. 25.
111 Mathematics Magazine, vol. 55, no. 2 (March 1982), p. 97.
112 Richard K. Guy, written communication,
113 Mathematics Magazine, vol. 67, no. 4 (Oct 1994), p. 293.
114 Richard K. Guy, written communication,
115 Mathematics Magazine, vol. 60, no. 5 (Dec 1987), p. 327.
116 Mathematics Magazine, vol. 63, no. 4 (Oct 1990), p. 225.
117 American Mathematical Monthly, vol. 95, no. 8 (Oct 1988), p. 701, 709.
118 Mathematics Magazine, vol. 66, no. 5 (Dec 1993), p. 316.
119 Mathematics Magazine, vol. 63, no. 5 (Dec 1990), p. 349.

수열과 급수(Sequences & Series)

123 Mathematics Magazine, vol. 68, no. 1 (Feb 1995), p. 41.
124 Mathematics Magazine, vol. 67, no. 5 (Dec 1994), p. 379.
125 Mathematics Magazine, vol. 66, no. 3 (June 1993), p. 179.
126 Mathematics Magazine, vol. 54, no. 4 (Sept 1981), p. 201.
127 Mathematics Magazine, vol. 60, no. 3 (June 1987), p. 177.
128 Mathematics Magazine, vol. 61, no. 4 (Oct 1988), p. 219.
129 Mathematics Magazine, vol. 67, no. 3 (June 1994), p. 230.
130 Mathematics Magazine, vol. 66, no. 4 (Oct 1993), p. 242.
131 Mathematics Magazine, vol. 67, no. 3 (June 1994), p. 209.
132 Mathematics Magazine, vol. 62, no. 5 (Dec 1989), p. 332–33.
134 Mathematics Magazine, vol. 65, no. 5 (Dec 1992), p. 338.
135 Mathematics Magazine, vol. 64, no. 3 (June 1991), p. 167.
136 American Mathematical Monthly, vol. 65, no. 2 (June–July 1988), p. 541–42.
137 Mathematics Magazine, vol. 65, no. 2 (April 1992), p. 136.
138 Mathematics Magazine, vol. 64, no. 4 (Oct 1991), p. 241.

기타(Miscellaneous)

141 Mathematics Magazine, vol. 58, no. 2 (March 1985), p. 107.
142 Mathematics Magazine, vol. 64, no. 5 (Dec 1991), p. 339.
143 Mathematics Magazine, vol. 61, no. 5 (Dec 1988), p. 294.
144 Mathematics Magazine, vol. 60, no. 2 (April 1987), p. 89.

145 Mathematics Magazine, vol. 61, no. 2 (April 1988), p. 98.
146 Mathematics Magazine, vol. 52, no. 4 (Sept 1979), p. 206.
147 Mathematics Magazine, vol. 63, no. 1 (Feb 1990), p. 29.
148 Elementary Number Theory, Random House, New York, 1987, p. 227.
149 Mathematics Magazine, vol. 67, no. 3 (June 1994), p. 187.
150 American Mathematical Monthly, vol. 96, no. 5 (May 1989), p. 429–30.
151 Mathematics Magazine, vol. 62, no. 3 (June 1989), p. 172.
152 College Mathematics Joumal, vol. 20, no. 2 (March. 1989), p. 152.

인명 색인